英特尔 FPGA 中国创新中心系列丛书

深度学习技术应用

胡心雷　雷轶鸣　王正霞　尹　宽　华成丽
徐宏英　陈文杰　童　亮　赵瑞华　胡云冰　◎编著

電子工業出版社
Publishing House of Electronics Industry
北京・BEIJING

内 容 简 介

本书是深度学习课程的入门教材，从原理、模型、应用 3 个维度指导读者掌握深度学习技术及应用。本书共 3 个部分。第 1 部分为深度学习的基础，包括第 1 章和第 2 章，分别介绍了深度学习的基本概念及其和神经网络之间的关系；第 2 部分为深度学习的框架，包括第 3 章，介绍了深度学习的主流框架 TensorFlow 2.0 的基本使用；第 3 部分是深度学习的高级主题，即第 4 章、第 5 章和第 6 章，分别讨论了卷积神经网络、循环神经网络及迁移学习。

全书所讲解的案例均配有代码实现，并对代码进行了详细注解，读者通过对案例代码的学习和实践，可以深入了解全书讲解的内容。本书适合对人工智能、深度学习技术感兴趣的工程技术人员阅读，也适合人工智能、计算机科学技术相关专业的学生学习参考。

图书在版编目（CIP）数据

深度学习技术应用 / 胡心雷等编著. —北京：电子工业出版社，2022.3
（英特尔 FPGA 中国创新中心系列丛书）

ISBN 978-7-121-42851-7

Ⅰ. ①深… Ⅱ. ①胡… Ⅲ. ①机器学习—高等职业教育—教材 Ⅳ. ①TP181

中国版本图书馆 CIP 数据核字（2022）第 021654 号

责任编辑：刘志红（lzhmails@phei.com.cn）
印　　刷：北京七彩京通数码快印有限公司
装　　订：北京七彩京通数码快印有限公司
出版发行：电子工业出版社
　　　　　北京市海淀区万寿路 173 信箱　邮编　100036
开　　本：787×980　1/16　印张：12　字数：307.2 千字
版　　次：2022 年 3 月第 1 版
印　　次：2025 年 1 月第 8 次印刷
定　　价：68.00 元

凡所购买电子工业出版社图书有缺损问题，请向购买书店调换。若书店售缺，请与本社发行部联系，联系及邮购电话：（010）88254888，88258888。

质量投诉请发邮件至 zlts@phei.com.cn，盗版侵权举报请发邮件至 dbqq@phei.com.cn。

本书咨询联系方式：（010）88254479，lzhmails@phei.com.cn。

前言

深度学习已经悄悄地进入了我们的生活，在我们的工作场所、我们的家、汽车、手机和笔记本电脑里，无处不见基于深度学习的智能设备或应用。简而言之，深度学习已经成为我们生活中不可或缺的一部分。此外，深度学习还知道我们喜欢什么样的电视节目和电影，喜欢什么样的音乐，喜欢什么样的合作伙伴。除了我们的私人生活，深度学习还影响着汽车、医疗保健、经济、电子商务和娱乐等多个商业领域。随着时间的推移，深度学习将变得更加复杂和无所不能。

深度学习的影响不仅是可见的，而且是有形的。拿出我们的智能手机（比如 iPhone）说："hi，Siri"，就会听到一个悦耳的声音回答。Siri 是人工智能助手，使用深度学习使得 Siri 的语音变得更自然、流畅，更人性化。

许多大公司都提供自己的人工智能助手：微软使用 Cortana，三星电子使用 Bixby，亚马逊使用 Alexa，苹果提供 Siri，谷歌使用谷歌助手。这些基于深度学习的人工智能助手可以理解人类的命令，并做出相应的反应。例如，Siri 可以在我们的家里打开音乐，谷歌助手可以根据我们的要求为朋友输入一条消息，Alexa 可以打开我们的优步应用程序。

深度学习如何影响我们在其他领域的生活？可能没有注意到，深度学习的主要表现之一是不断学习我们娱乐、社交、生活的方式，通过推荐系统为我们服务。比如，优酷将深度学习技术应用于推荐算法，根据我们的观看历史提供电视节目和电影建议。深度学习技术已经应用于智能家居设备，如家庭安全、空调和灯光控制系统。深度学习可以帮助设备相互学习，并在无须人工干预的情况下自主做出决策。当物联网遇到深度学习技术时，它极有可能成为影响我们日常生活的主导趋势。

本书希望从理论知识、代码和案例开始，帮助读者由浅入深地理解深度学习。本书不要求读者具备深厚的数学或编程背景，我们将按照章节循序渐进地讲解，面向计算机科学及相关领域的学生、教师及深度学习爱好者，帮助他们理解和掌握深度学习理论和相关知识。

本书由重庆电子工程职业学院胡心雷、雷轶鸣、王正霞编写，参加编写的还有尹宽、华成丽、徐红英、陈文杰、童亮、赵瑞华、胡云冰等老师，FPGA 中国创新中心和重庆海云捷迅科技有限公司的柴广龙工程师为本书的编写提供了技术支持，全书由胡心雷统稿。

本书配套在线课程和教学资源请到华信教育资源网下载。

目 录

第1章 深度学习简介

作为人工智能最重要的一个分支，深度学习近年来发展迅猛，在国内外都引起了广泛的关注。然而深度学习的火热也不是一时兴起的，而是经历了一段漫长的发展史。接下来，让我们了解一下深度学习的起源与发展、深度学习的定义，以及其与机器学习的关系。

1.1 深度学习的起源与发展

深度学习的历史可以追溯到 1943 年，当时 Walter Pitts 和 Warren McCulloch 创建了一个基于人脑神经网络的计算机模型。他们使用算法和数学的组合，并称之为“阈值逻辑”，用其来模仿思维过程。从那时起，深度学习一直在稳步发展，其发展过程有两次重大突破。

Henry J. Kelley 因在 1960 年开发了连续反向传播模型而受到赞誉。1962 年，Stuart Dreyfus 开发了一个仅基于链式法则的更简单版本。1965 年，Alexey Grigoryevich Ivakhnenko

和 Valentin Grigor'evich Lapa 在开发深度学习算法方面做出了最早的努力。他们使用了具有多项式（复杂方程）激活函数的模型，然后进行统计分析，最好的统计特征被转发到下一层，整个过程是一个手动且缓慢的过程。

1970 年，第一个 AI 冬天开始了。因为缺乏资金影响和限制了深度学习和人工智能的研究。幸运的是，有些人在没有资金的情况下持续进行研究。

初代“卷积神经网络”被 Kunihiko Fukushima 使用。Kunihiko Fukushima 设计了具有多个池化层和卷积层的神经网络。1979 年，他还开发了一种人工神经网络，称为 Neocognitron，采用分层、多层设计。这种设计使计算机能够“学习”识别视觉模式。这些网络类似于现代版本，但采用了多层重复激活的强化策略进行训练，随着时间的推移，这种策略会变得越来越强大。此外，Fukushima 的设计允许通过增加某些连接的“权重”来手动调整重要特征。

更多的 Neocognitron 概念被人们使用。自上而下的连接和新的学习方法的使用使得各种神经网络得以实现。当同时呈现多个模式时，选择性注意模型可以通过将注意力从一种模式转移到另一种模式来分离和识别单个模式。新的 Neocognitron 不仅可以识别缺失信息的模式（例如，不完整的数字 5），还可以通过添加缺失信息来构成完整图像。这被描述为“推理”。

反向传播，在训练深度学习模型中使用，在 1970 年得到了显著发展。Seppo Linnainmaa 在论文中提出了用于反向传播的 FORTRAN 代码。1989 年，Yann LeCun 在贝尔实验室做了反向传播的第一个实际演示。他将卷积神经网络与反向传播结合，用于读取“手写”数字。该系统最终被用于读取手写支票的数量。

1985～1990 年，人工智能时代进入第二个冬天，这也影响了神经网络和深度学习的研究。人工智能阶段已经到了伪科学的地步。幸运的是，有研究者继续致力于人工智能和深度学习的研究，并取得了重大进展。1995 年，Dana Cortes 和 Vladimir Vapnik 开发了支持向量机。Sepp Hochreiter 和 Juergen Schmidhuber 于 1997 年提出了 LSTM。

深度学习的下一个重要进化阶段发生在 1999 年，当时计算机处理数据变得更快，并且有了 GPU（图形处理单元）。使用 GPU 处理图片，处理速度更快。在此期间，神经网络开始与支持向量机竞争。虽然与支持向量机相比，神经网络可能会很慢，但使用相同的数据，神经网络可以提供更好的结果。随着训练数据的增多，神经网络还具有持续改进的优势。

2000 年左右，深度学习出现了梯度消失问题。因为没有学习信号到达较高层，在较低层形成的“特征”没有被其学习。这个问题只在基于梯度学习方法的神经网络中出现。用于解决此问题的两种解决方案是逐层预训练和长短期记忆的开发。

2009 年，斯坦福大学人工智能教授李飞飞发起了图像网项目，组装了一个包含超过 1 400 万张标记图像的免费数据库。互联网的过去和现在都充斥着未标记的图像，需要标记图像来“训练”神经网络。

到 2011 年，GPU 的速度显著提高，使得在“无需”逐层预训练的情况下训练卷积神经网络成为可能。随着计算速度的提高，深度学习在效率和速度方面的优势越来越明显。例如 AlexNet，一种卷积神经网络，其架构在 2011 年和 2012 年赢得了多项国际比赛。

另外，2012 年，Google Brain 发布了一个不寻常的项目的结果，称为猫实验，探索了“无监督学习”的难点。深度学习使用“监督学习”，这意味着卷积神经网络使用标记数据进行训练。使用无监督学习，卷积神经网络被赋予未标记的数据，然后被要求寻找重复出现的模式。

自 AlexNet 模型被提出后，各种各样的算法模型相继被发表，其中有 VGG 系列、GoogLeNet 系列、ResNet 系列、DenseNet 系列等。2014 年，Ian Goodfellow 提出了生成对抗网络，通过对抗训练的方式学习样本的真实分布，从而生成逼近度较高的样本。2016 年，DeepMind 公司应用深度神经网络到强化学习领域，提出了 DQN 算法，在 Atari 游戏平台中的 49 个游戏上取得了与人类相当甚至超越人类的水平；在围棋领域，DeepMind 提出的 AlphaGo 和 AlphaGo Zero 智能程序相继打败人类顶级围棋专家李世石、柯洁等；在多智能体协作的 Dota2 游戏平台，OpenAI 开发的 OpenAI Five 智能程序在受限游戏环境中打败了 TI8 冠军队伍 OG 队，展现出了专业级的高层智能操作。图 1-1 所示深度学习发展时间线列出了 2006 年～2019 年之间重大的时间节点。

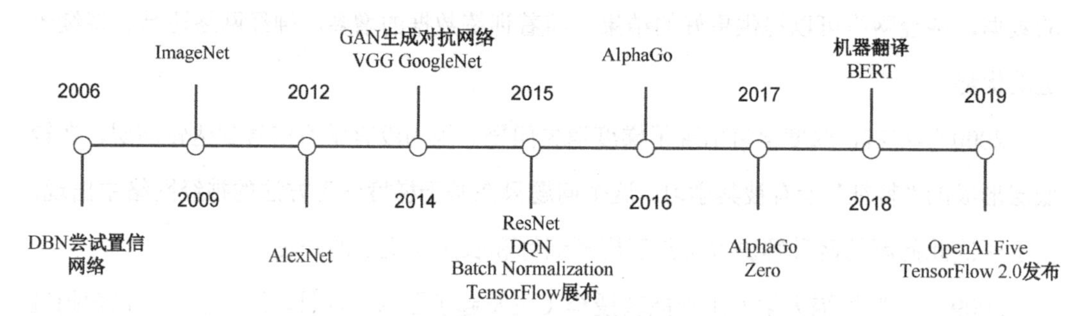

图 1-1　深度学习发展时间线

1.2　深度学习的定义

深度学习，也称为深度神经学习或深度神经网络，是一种人工智能（AI）功能。它模仿人脑的工作方式来处理数据，并创建有助于决策制定的模式。作为人工智能中机器学习的一个子集，深度学习网络能够从非结构化或未标记的数据中无监督地学习。

简而言之，深度学习可以被视为自动化预测分析的一种方式。传统的机器学习算法是线性的，而深度学习算法则以复杂性和抽象性不断增加的层次结构堆叠。层次结构中的每个算法都对其输入应用非线性变换，并使用它学到的知识来创建统计模型作为输出。迭代继续，直到输出达到可接受的准确度水平。包含许多层的人工神经网络驱动深度学习。深度神经网络（DNN）是此类网络，其中每一层都可以执行复杂的操作，例如对图像、声音和文本有意义的表示和抽象。深度学习被认为是机器学习中发展最快的领域，它代表了一种真正具有颠覆性的数字技术，越来越多的公司正在使用它来创建新的商业模式。

神经网络是节点层，就像人脑由神经元组成一样。各个层内的节点连接到相邻层。

据说该网络根据其拥有的层数而变得更深。人脑中的单个神经元接收来自其他神经元的数千个信号。在人工神经网络中，信号在节点之间传播并分配相应的权重。权重较重的节点会对下一层节点产生更大的影响。最后一层编译加权输入以产生输出。深度学习系统需要强大的硬件，因为它们需要处理大量数据并涉及多项复杂的数学计算。然而，即使使用如此先进的硬件，深度学习训练计算也可能需要数周时间。

深度学习系统需要大量数据才能返回准确结果。因此，信息以庞大的数据集形式提供。在处理数据时，人工神经网络能够使用从一系列涉及高度复杂数学计算的二元真假问题中收到的答案对数据进行分类。例如，面部识别程序的工作原理是学习检测和识别面部的边缘和线条，然后是面部更重要的部分，最后是面部的整体表示。随着时间的推移，程序会自我训练，正确答案的概率会增加。在这种情况下，面部识别程序将随着时间的推移更准确识别面部。

1.3 深度学习的优势

1. 最大限度地利用非结构化数据

Gartner 研究认为，组织的数据的很大比例是非结构化的，例如图片、文字等，机器学习算法很难分析非结构化数据，而这正是深度学习变得有用的地方。

我们可以使用不同的数据格式来训练深度学习算法，并且仍然可以获得与训练目的相关的见解。例如，你可以使用深度学习算法来分析行业、发现社交媒体现有关系，预测组织股票价格。

2. 消除对特征工程的需要

在机器学习中，特征工程是一项基本工作，因为它可以提高准确性，有时该过程可能需要某些领域知识。使用深度学习方法的最大优势之一是它能够自行执行特征工程。在这种方法中，算法扫描数据以识别相关特征，然后将它们组合起来以促进学习。这种能力有助于数据科学家节省大量分析时间。

3. 提供高质量结果的能力

人类会感到饥饿或疲倦，有时会犯粗心大意的错误。当使用神经网络时，情况会好很多。一旦训练得当，深度学习模型就能够在相对较短的时间内执行数千项常规、重复的任务，而这与人类所需的时间相比，工作质量和效率永远不会下降，除非训练数据包不包括你要解决的问题的原始数据。

4. 消除不必要的成本

召回的成本非常高，对于某些行业而言，召回可能会使组织损失数百万美元的直接成本。利用深度学习，可以检测到难以训练的主观缺陷，例如轻微的产品标签错误等。

深度学习模型还可以识别以其他方式难以检测的缺陷。

当一致的图像由于不同的原因而变得很难分辨时，深度学习可以解释这些变化并学习有价值的特征促使检查更加稳健。

5. 消除对数据标记的需要

数据标记是一项费时劳力的工作。使用深度学习方法，可以使算法在没有任何指导的情况下擅长学习，因此不需要特别对数据进行标记。其他类型的机器学习方法则没有深度学习这种功能。

1.4 深度学习的应用

深度学习在几乎所有领域都有大量应用，例如，医疗保健、金融和图像识别、智能助理等领域。在本节中，让我们回顾一些应用。

医疗保健领域：通过更轻松地访问加速 GPU 和海量数据的可用性，医疗保健用例非常适合应用深度学习。使用图像识别，从 MRI 成像和 X 射线检测癌症的准确度已超过人类诊断水平。药物发现、临床试验匹配和基因组学也是深度学习在医疗保健的应用。

自动驾驶汽车领域：虽然自动驾驶汽车领域是一个研发风险很高的自动化领域，但它最近已经逐渐获得较大的研发突破。从识别停车标志到看到路上的行人，基于深度学习的模型都可以在模拟环境中进行训练和尝试。

电子商务领域：产品推荐一直是深度学习最流行和最有利可图的应用之一。通过更加个性化和准确地推荐，客户能够轻松购买他们正在寻找的商品，并能够快速查看产品信息，这也提高了销售针对性，从而使卖家受益。

智能助理领域：伴随深度学习领域的持续研发，拥有智能助理会像购买 Alexa 或 Google Assistant 这样的设备一样简单。这些智能助手在个性化语音和口音识别、个性化推荐和文本生成等方面使用深度学习技术。

1.5 深度学习的主流框架

1.5.1 TensorFlow

Google 的 Brain 团队开发了一个名为 TensorFlow 的深度学习框架，它支持 Python 和 R 等语言，并使用数据流图来处理数据。这非常重要，因为在构建这些神经网络时，可以用流经神经网络查看数据。

TensorFlow 的机器学习模型易于构建，可用于稳健的机器学习生产，并允许进行强大的研究实验。使用 TensorFlow，还可以获得用于数据可视化的 TensorBoard，这是一个通常不被注意的包。研发者也可以使用 R 和 Python 可视化包。

1.5.2 Pytorch

Adam Paszke、Sam Gross、Soumith Chintala 和 Gregory Chanan 撰写了 PyTorch，主要是由 Facebook 的人工智能研究实验室（FAIR）开发的。它建立在基于 Lua 的科学计算框架之上，使用机器学习和深度学习算法。PyTorch 采用 Python、CUDA 和 C/C++库进行处理，旨在扩展建筑模型的生产和整体灵活性。如果你精通 C/C++，那么 PyTorch 对你来说可能不会太难。

PyTorch 被广泛应用于 Facebook、Twitter 和 Google 等大公司的研发项目。

深度学习框架还具有以下特性：

- 由于其混合前端，提高了编程灵活性。
- 使用“火炬分布式”后端在研究和生产中实现可扩展的分布式训练和性能优化。
- 与 Python 的深度集成，允许流行的库和包在 Python 中快速编写神经网络层。

1.5.3 Deeplearning4j(DL4J)

Adam Gibson、Alex D. Black、Vyacheslav Kokorin、Josh Patterson 等人所在的机器学习小组开发了深度学习框架 Deeplearning4j。用 Java、Scala、C++、C、CUDA 编写，DL4J 支持不同的神经网络，如 CNN（卷积神经网络）、RNN（循环神经网络）和 LSTM（长短期记忆）。

2017 年，Skymind 加入了 Eclipse 基金会，DL4J 使用 Hadoop 和 Apache 集成。将 AI 带入商业环境，用于分布式 CPU 和 GPU。

DL4J 还具有以下特性：

- 在集群中使用 DL4J 训练的分布式计算框架；
- 使用 DL4J 的 n 维数组类，允许在 Java 和 Scala 中进行科学计算；
- 包括一个向量空间建模和主题建模工具包，旨在处理大型文本集和执行 NLP。

第2章

神经网络与深度学习

什么是神经网络？什么是深度学习？相信同学们都有这样的疑问，接下来，让我们追根溯源地了解神经网络与深度学习在整个知识图谱中的位置。

图 2-1 揭示了我们要学习的课程在整个知识图谱中的位置。首先，我们需要知道的是，深度学习与机器学习都是属于计算机科学这个大范畴下的一部分。什么是计算机科学？计算机科学是系统研究信息与计算的理论基础及它们在计算机系统中如何实现与应用的实用技术的学科。它通常被形容为对那些创造、描述及转换信息的算法处理的系统研究。通俗来说，任何与计算机相关的科学技术，都是其中一部分。大家之前已经学习过不少计算机科学相关的知识，例如程序开发、计算机网络、操作系统、数据库等。

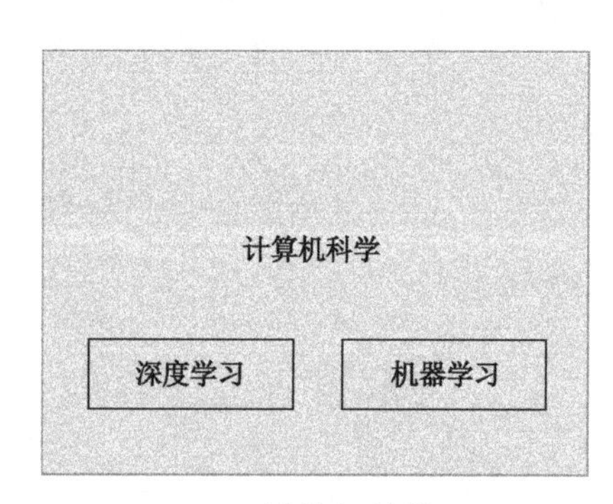

图 2-1　计算机科学图示

如图 2-2 所示，人工智能是计算机科学中的研究领域之一。1956 年，明斯基、罗切斯特和香农等计算机科学家在达特茅斯会议相聚，共同研究和探讨用机器模拟智能的一系列问题，提出了“人工智能”的概念。人工智能是对人的意识、思维的信息过程的模拟。人工智能不是人的智能，但能像人一样思考，也能超过人的智能。近年来，人工智能的研究领域越来越广泛，几乎涵盖了计算机科学的方方面面，落地的领域也非常广泛，包括人脸识别、机器视觉、自动驾驶、智能机器人等。人工智能分为强人工智能和弱人工智能，分别代表着对人类思维的模拟程度，目前的研究还多集中在弱人工智能领域。

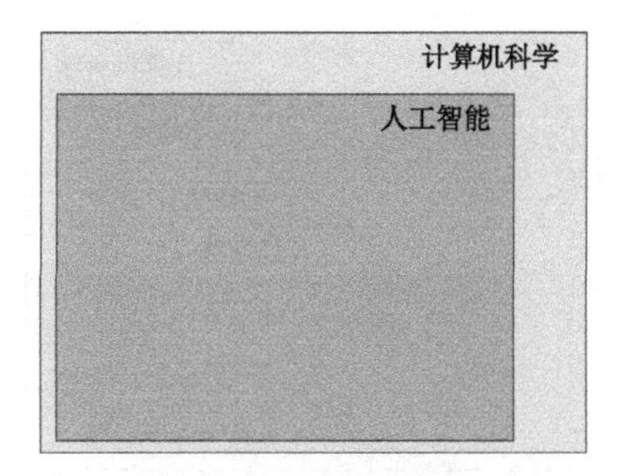

图 2–2　人工智能图示

如图 2-3 所示，机器学习是实现人工智能的一个重要技术。它是人工智能的核心，属于人工智能的一个分支，主要研究如何让计算机拥有像人一样的学习能力，以更好地模拟和实现人的学习行为和能力。机器学习利用计算机强大的计算能力，用大量的数据来训练，并通过各种算法从数据中学习如何完成任务。

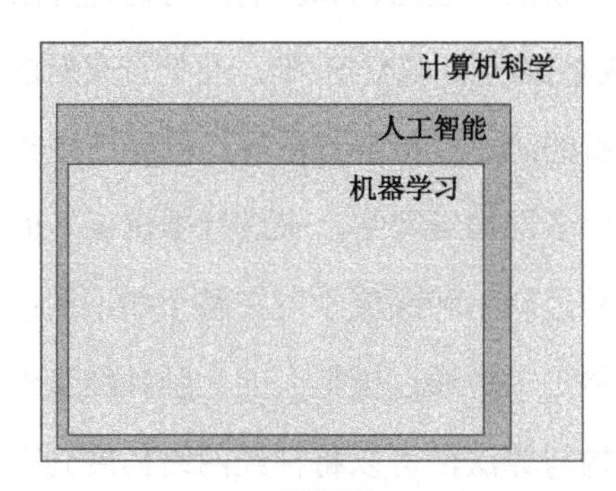

图 2–3　机器学习图示

神经网络图示参见图 2-4，它是机器学习中一种重要的算法模型，是模仿生物神经网络的结构和功能的数学模型或计算模型。神经网络预先通过大量的数据对人工神经单元进行训练，后续再输入数据时，就可以得到学习后的结果。举一个简单的例子，小红、小王、小明三人是好朋友，经常相约出去玩。某次小红有事，只有小王有空，小明有多大的概率会和小王一起出去呢？如果我们预先得到大量三人出去玩耍的样本，得到一个结论：只有小红出去玩的时候，小明才更容易出去。我们用这些例子输入神经网络去刺激人工神经元，产生学习效果，这样它就可以学习到和人一样的经验。

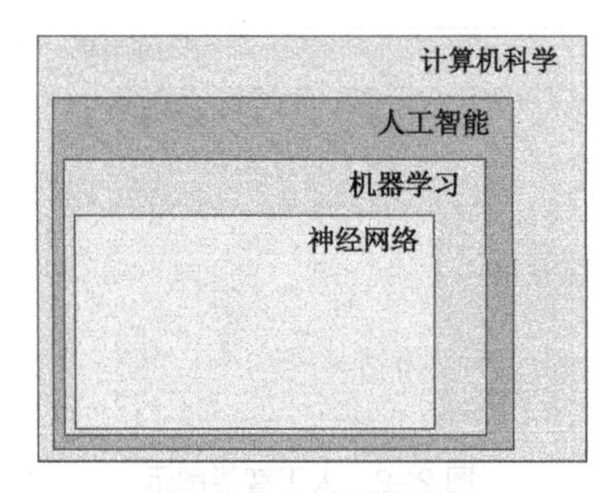

图 2–4　神经网络图示

深度学习（如图 2-5 所示）的概念源于人工神经网络的研究，是针对人工神经网络的深入研究。如果说神经网络是一辆车，那么深度学习就是极高的开车技术。更简单的理解，深度学习是层数很深的神经网络。深度学习为了解决神经网络层数较深时，无法训练的问题，提出了一系列新的神经结构和新的网络优化方法，如卷积神经网络 CNN、循环神经网络 RNN、生成对抗网络 GANS 等，并且带来新的激活函数、新的权重初始化方法、新的损失函数、新的防止过拟合方法等。例如下围棋的 AlphaGo，就是结合了深度学习与强化学习，利用多层神经网络，来进行围棋下子的决策。

至此，我们可以了解神经网络和深度学习在整个知识图谱中的位置与它们之间的关系了。简而言之，神经网络是一种通过模拟人的大脑神经工作模式的机器学习方法，而深度学习通过优化网络结构与算法，可以将神经网络拓展到很深的层数。当然，深度学习绝不仅仅是层数很深的神经网络。

接下来，将会先从人脑神经网络触发，扩展到神经网络的概念讲解，并以两个简单的案例为大家介绍神经网络的基础知识，然后，对深度学习的基础知识进行介绍，

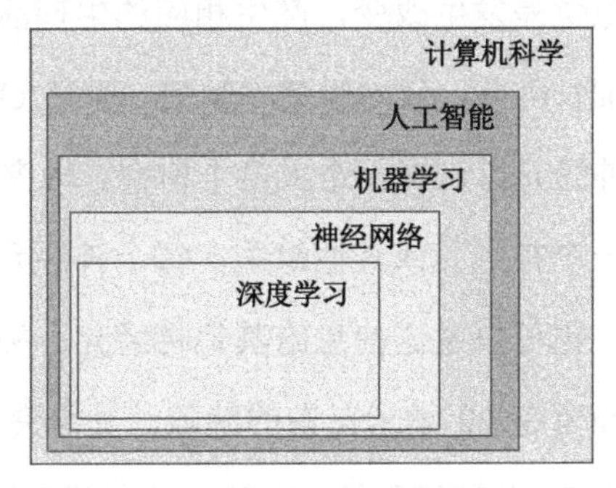

图 2-5　深度学习

2.1　人脑神经网络

人的脑神经细胞，经过视觉、听觉、运动、嗅觉、味觉、触觉等刺激会生长出“树突”，通过这些“树突”，与其他神经细胞形成网络。在某一方面知识越丰富，大脑中相应的神经网络就会越密集，信息传递和加工的速度也越快。

人脑神经网络没有反向传播的过程，模式识别过程是大脑腐蚀的结果，训练是记忆过程，腐蚀是遗忘的过程，人脑有操作系统。

人脑是人体最复杂的器官，由神经元、神经胶质细胞、神经干细胞和血管组成。其中，神经元（Neuron），也叫神经细胞（NerveCell），是携带和传输信息的细胞，是人脑神经系统中最基本的单元。人脑神经系统是一个非常复杂的组织，包含近 860 亿个神经元，每个神经元有上千个突触和其他神经元连接。这些神经元和它们之间的连接形成巨大的复杂网络，其中神经连接的总长度可达数千千米。我们人造的复杂网络，比如全球

的计算机网络，和大脑神经网络相比要“简单”得多。早在1904年，生物学家就已经发现了神经元结构。典型的神经元结构大致可分为细胞体和细胞突起。细胞体（Soma）中的神经细胞膜上有各种受体和离子通道，胞膜的受体可与相应的化学物质神经体质结合，引起离子通透性及膜内外电位差发生改变，产生相应的生理活动：兴奋或抑制。细胞突起是由细胞体延伸出来的细长部分，分为树突和轴突。树突（Dendrite）可以接受刺激并将兴奋传入细胞体。每个神经元可以有一个或多个树突。轴突（Axon）可以把自身的兴奋状态从细胞体传送到另一个神经元或其他组织。每个神经元只有一个轴突。神经元可以接收其他神经元的信息，也可以发送信息给其他神经元。神经元之间没有物理连接，两个“连接”的神经元之间留有20纳米左右的缝隙，并靠突触（Synapse）进行互联来传递信息，形成一个神经网络，即神经系统。突触可以理解为神经元之间的连接“接口”，将一个神经元的兴奋状态传到另一个神经元。一个神经元可被视为一种只有两种状态的细胞：兴奋和抑制。神经元的状态取决于从其他神经细胞收到的输入信号量，以及突触的强度（抑制或加强）。当信号量总和超过了某个阈值时，细胞体就会兴奋，产生电脉冲。电脉冲沿着轴突并通过突触传递到其他神经元。图2-6中给出了一种典型的神经元结构。

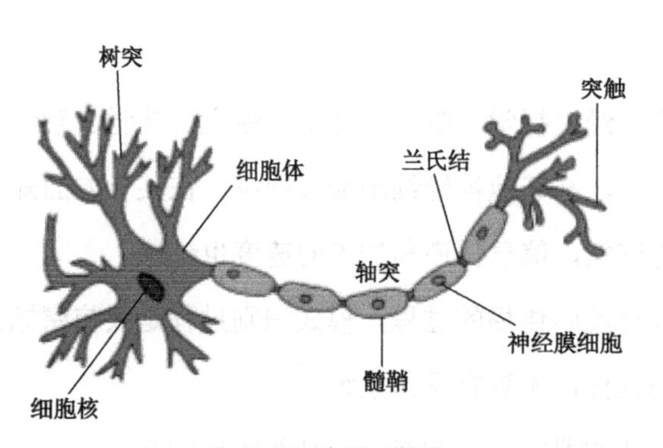

图 2–6　神经元结构

我们知道，一个人的智力不完全由遗传决定，大部分来自生活经验。也就是说人脑神经网络是一个具有学习能力的系统。那么人脑神经网络是如何学习的呢？在人脑神经网络中，每个神经元本身并不重要，重要的是神经元如何组成网络。不同神经元之间的突触有强有弱，其强度可以通过学习（训练）来不断改变，具有一定的可塑性。不同的连接形成了不同的记忆印痕。1949 年，加拿大心理学家 Donald Hebb 在《行为的组织》（The Organization of Behavior）一书中提出突触可塑性的基本原理：“当神经元 A 的一个轴突和神经元 B 很近，足以对它产生影响，并且持续、重复地参与了对神经元 B 的兴奋时，那么这两个神经元或其中之一会发生某种生长过程或新陈代谢变化，以致神经元 A 作为能使神经元 B 兴奋的细胞之一，效能加强。”这个机制称为赫布理论（Hebbian Theory）或赫布规则（Hebbian Rule，或 Hebb’s Rule）。如果两个神经元总是相关联地受到刺激，它们之间的突触强度就会增加。这样的学习方法被称为赫布型学习（Hebbian Learning）。Donald Hebb 认为，人脑有两种记忆：长期记忆和短期记忆。短期记忆持续时间不超过一分钟。如果一个经验重复足够的次数，此经验就可储存在长期记忆中。短期记忆转化为长期记忆的过程就称为凝固作用。人脑中的海马区为大脑结构凝固作用的核心区域。

2.2 人工神经网络

人工神经网络是对人脑神经网络的一种模拟，从 2.1 节可以看到，人脑神经网络的基本组成单位是神经元，当一个刺激发生时，神经元收到刺激，发生变化，并将这个变化记忆，而人工神经网络也模拟了这个过程（如图 2-7 所示）。不过也有变化，目前人工神经网络的神经元之间的连接是固定的，不可以更换。换言之，人工神经网络在现有的算法中，无法凭空产生新的连接。

例如，我们知道如何让手动，以及张嘴，希望要学会“吃糖”这件事情。人工神经网络学习时，就需要准备好非常多吃糖的数据，然后将这些数据一次次传递给人工神经网络，吃到糖的信号会通过人工智能神经网络传递给手，并给予神经元奖励，修改人工神经网络当中的神经元强度。这种修改在专业术语中叫作“误差反向传递”，也可以看作再一次将传过来的信号传回去，看看这个负责传递信号神经元对于”吃糖”的动作到底有没有贡献，让它好好反思与改正，争取下次做出更好的贡献。图 2-8 就是一个典型的人工智能网络中的神经元。

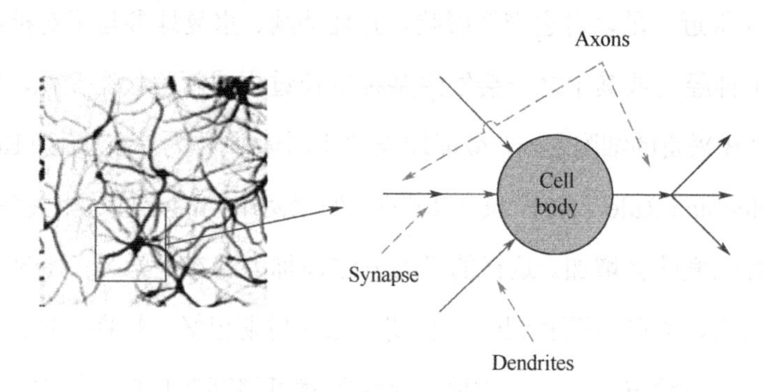

图 2–7　人工神经网络

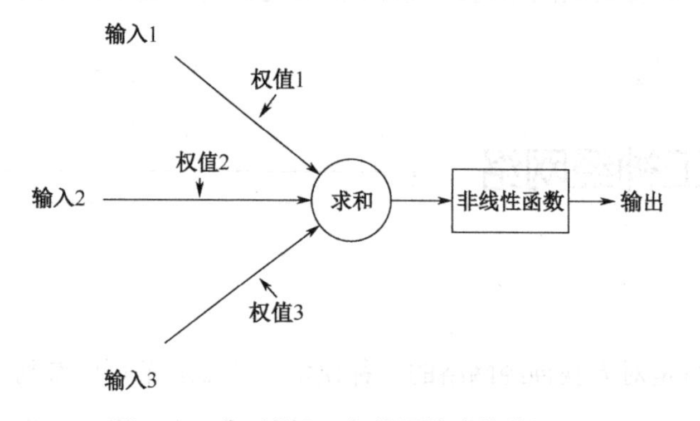

图 2–8　典型的人工智能网络中的神经元

神经元模型的使用可以这样理解：我们有一个数据，称之为样本。样本有 4 个属性，其中 3 个属性已知，1 个属性未知。我们需要做的就是通过 3 个已知属性预测未知属性。

就拿要吃糖这个例子来说，3 个已知的动作是丢掉糖，拿起糖，看着糖，剩下需要预测的属性，就是吃到糖。

具体办法就是使用神经元的公式进行计算。3 个已知属性的值是 $a1,a2,a3$，未知属性的值是 z。z 可以通过公式计算出来。这里，已知的属性称之为特征，未知的属性称之为目标。假设特征与目标之间确实是线性关系，并且我们已经得到表示这个关系的权值 *w*1，*w*2，*w*3。那么，我们就可以通过神经元模型预测新样本的目标。

例如，我们将大量吃糖的样本，输入到人工神经网络中，就会发现，大量的数据都表明，拿起糖这个动作，会更容易得到吃到糖这个结果，也就是 *a*2 会更容易得到 *z*，那么 *w*2 的权重就会越来越高。

所以，人脑神经网络在学习新事物时，会产生新的神经元连接，并形成记忆，而人工神经网络目前都是预设的神经元连接，并不能进行修改，通过训练数据学习新事物，可以调整人工神经元中的各个权值，获得更好的输出。就好比飞机是模拟鸟的飞行行为，并从中得到启发并发明的，但是飞机的飞行机制和鸟的飞行机制还是有本质上区别的。

2.2.1 感知器

提到神经网络，不得不提感知器（Perceptron）（也称为“感知机”）。1958 年，计算科学家罗森布拉特(Rosenblatt)提出了由两层神经元组成的神经网络。他给它起了一个名字——“感知器”。

感知器是当时首个可以自我学习的机器学习算法。罗森布拉特现场演示了其学习和识别简单图像的过程，在当时引起了轰动，见图 2-9。

图 2-9 罗森布拉特现场演示自我学习的机器学习算法

人们认为已经发现了智能的奥秘，许多学者和科研机构纷纷投入感知器的研究中。美国军方大力资助了神经网络的研究，并认为神经网络比“原子弹工程”更重要。这个热潮直到1969年才结束，这个时期可以看作神经网络的第一次高潮。

如前所述，人工神经网络是对人脑神经网络的模拟，而感知器提出了最早的“人造神经元”模型。下面我们来看看人的神经网络的基本工作原理。

（1）外部刺激通过神经末梢，转化为电信号，转导到神经细胞（又叫神经元）。

（2）无数神经元构成神经中枢。

（3）神经中枢综合各种信号，做出判断。

（4）人体根据神经中枢的指令，对外部刺激做出反应。

感知器如图2-10所示，中间的圆就是一个感知器，好比神经细胞。它接受3个输入，$a1$，$a2$，$a3$，它们有3个权重$w1$，$w2$，$w3$，分别代表这三个输入的强度，好比神经末梢感受到各种外部环境的变化后，产生生物电信号。计算公式如下：

$$Z = a1 \times w1 + a2 \times w2 + a3 \times w3$$

在“感知器”中，有两个层次，分别是输入层和输出层。输入层里的“输入单元”只负责传输数据，不做计算。输出层里的“输出单元”则需要对前面一层的输入进行计算。

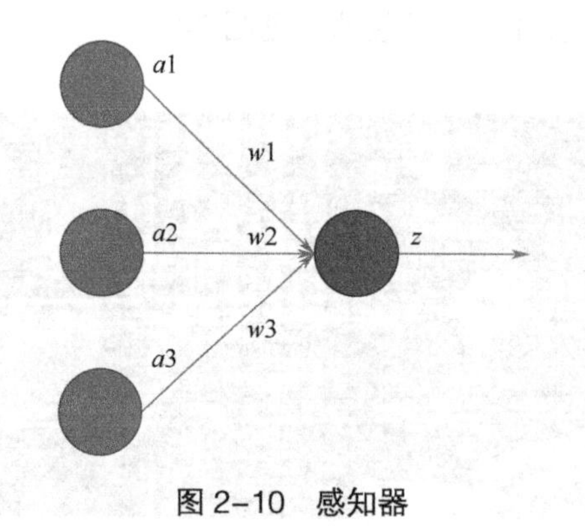

图2-10　感知器

2.2.2 单层神经网络

我们把需要计算的层称之为“计算层”，并把拥有一个计算层的网络称之为“单层神经网络”。有一些文献会按照网络拥有的层数来命名，例如把“感知器”称为两层神经网络。所以一个感知器就可以构成一个只有一个神经单元的单层神经网络。

让我们举一个实际的例子来理解感知器，也就是一个单层神经网络（如图 2-11 所示）是如何工作的。电影院新上映了一部科幻片，小明同学非常感兴趣，不过他自己拿不定主意是不是要去参加，他需要考虑以下三个因素。

（1）天气，周末是不是晴天？

（2）同伴，能不能找到同学一起去？

（3）价格，电影票的价格是否可以承受？

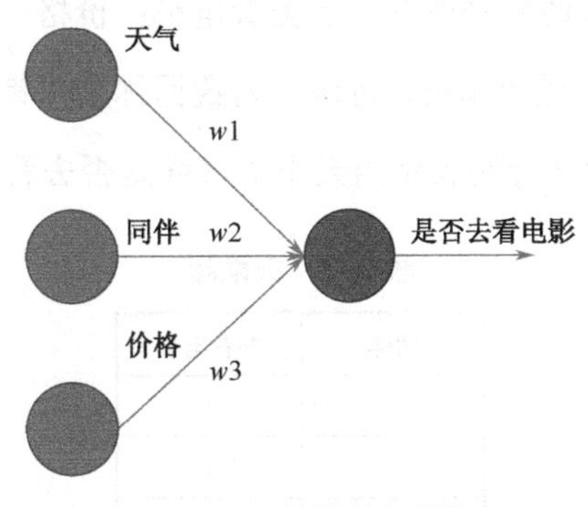

图 2-11　单层神经网络

以上这三个因素就构成了一个最基础的感知器，需要输入三个参数，分别与权重值组合，最终计算出 Z 值，应该就反映出小明决定去不去看电影的一个概率。

$$Z = a1 \times w1 + a2 \times w2 + a3 \times w3$$

那么，如果今天天气不错，也有同伴，但是电影票价格太贵了，小明会不会去看电影呢？接下来，就通过神经网络来帮助我们进行估计。这里最重要的就是，需要知道

$w1,w2,w3$ 分别取什么样的值，这样才能进行计算以判断小明是否去看电影。

这里可以试试通过人脑去估计这种场景下，小明是否去看电影呢？答案是不知道的，因为我们不知道小明同学以前在类似情况下，会做出什么样的决定。此时我们就需要数据作为判断的依据，见表 2-1。

表 2-1　数据表

天气	同伴	价格	去看电影
1	1	1	1
1	0	1	1
0	1	0	0
1	1	0	0

这张表一共有 4 行数据，表示小明之前出现类似情况时，最终如何做是否去看电影的决定。其中，天气一列的 1 和 0 分别表示当天的天气是晴天，还是雨天；同伴一列的 1 和 0 分别表示当天是否邀请到好朋友一起去看电影；价格一列的 1 和 0 分别表示电影票的价格是否在小明的可承受范围内，将这三列数据称为决策源。最后，去看电影一列，表示的是决策的结果，1 和 0 分别表示当天小明最终是否去看了电影。

表 2-2　决策源

天气	去看电影
1	1
1	1
0	0
1	0

同伴	去看电影
1	1
0	1
1	0
1	0

价格	去看电影
1	1
1	1
0	0
0	0

如表 2-2 决策源所示，我们将最终去看电影的决策与之前的决策源筛选出来，可以更清晰地看出，单个条件对最终决策的影响，例如，天气几乎对最终是否去看电影没有影响，而是否有同伴，则对是否去看电影有一定影响，最后，价格是否在可承受范围内，与最后是否去看电影有很强的关联性。所以，小明最终是否去看电影，最具有影响力的

应该是价格，其次是是否找到了同伴，最后才是天气是不是晴天，也就是 $w3>w2>w1$。如果这个星期天的情况是，价格满足要求，找到了同伴，虽然天气不是晴天，小明同学也极有可能去看电影。

当然，这个分析结果是我们用人脑中千亿个神经单元经过漫长的学习训练分析得出的，如果是使用只有一个神经元的人工神经网络应该如何得出这个结论呢？和人脑一样，神经网络也需要通过训练来确定 $w1,w2,w3$ 的值。训练好的参数值，也被称为神经网络的模型（model），参见图 2-12 神经网络模型。

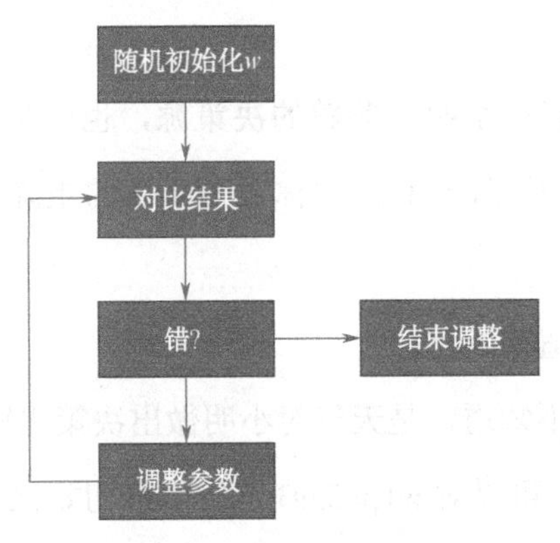

图 2–12　神经网络模型

神经网络通过先猜测一个权重值，代入到经验中进行检测，并通过错误反馈，不停与现有数据进行比较，进行参数调整。也就是先随机选三个数，赋值给 $w1,w2,w3$，不停地与之前已经发生的事实对比。如果差距较大，则进行相应的调整。接下来，让我们再详细看看单个神经网络的运算过程。

第一步，数据集获取。

首先，我们将数据抽象为方便计算的形式，表格化的数据非常容易被抽象为“二维矩阵”，这里的二维矩阵和大家数学上接触的线性代数的矩阵，或者编程语言中的矩阵是一个概念。

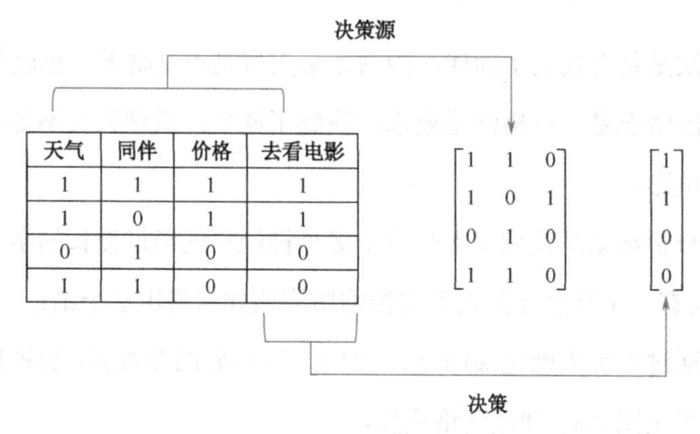

图 2-13　数据集获取

如图 2-13 所示，我们将小明之前做的决策源，也就是天气、同伴、价格 3 个因素整理为一个 4 行 3 列的矩阵，一般我们称之为 4×3 的矩阵，而决策则整理为一个 4×1 的矩阵。

第二步，神经元权重值初始化。

一开始，神经网络并不知道，是天气对小明做出决策比较重要，还是电影票价格对小明的决策更重要，所以，可以对 $w1,w2,w3$ 进行随机初始化。随机时，我们也希望随机值不要太大，或者太小，这里我们将 $w1,w2,w3$ 在[−1,+1]范围内取一个随机值，越靠近 1，决策源的作用越大；越靠近−1，决策源的作用越小。为了便于后续计算，我们假设取到的随机值 $w1 = -0.27$，$w2 = 0.83$，$w3 = -0.41$，也就是说，最开始未经过训练的神经网络猜测，最重要的决策源是同伴，而最不重要的决策源是价格。这似乎与我们大脑得出的结论不太相符。接下来，我们会看到神经网络经过学习，会对权重值进行调整。

第三步，结果计算（正向传播）。

神经网络学习过程中，最重要的就是要了解到结果是不是错误的。这里，我们就利用小明之前的决策进行判断，这一步我们通常会称之为神经网络的“损失函数”。不同的神经网络需要设计不同的损失函数，这里我们将损失函数定义为，在当前 $w1,w2,w3$ 权重值下，和之前小明 8 次去电影的决策差距。

在图 2-14 中，使用 6×3 的决策源矩阵，点乘（矩阵乘）上 3×1 的权重值矩阵，得到

4×1 的预测结果矩阵。如果我们可以将其与实际决策的 4×1 矩阵进行对比的话，就能获得误差，这里有一个问题，实际决策的结果只有两种可能：1，小明去了；0，小明没去。我们计算出的预测结果的值是不固定的，跟进决策源的个数与权重值可能会大于 1，也可能会小于 0。此时，我们就可以使用激活函数 Sigmoid 来进行处理，将任意值约束到(0,1)范围再进行输出，参见图 2-15 激活函数。

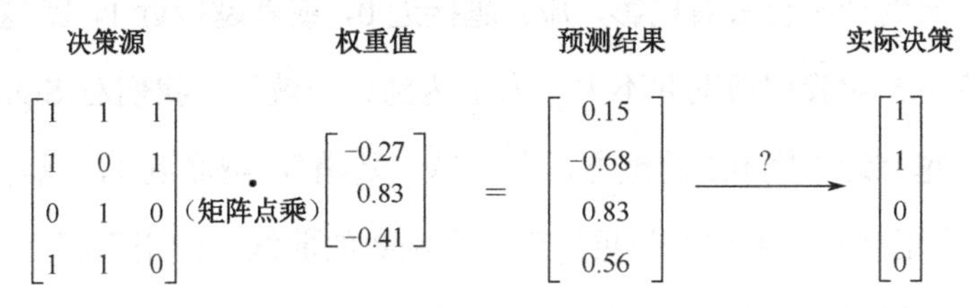

图 2–14　正向传播

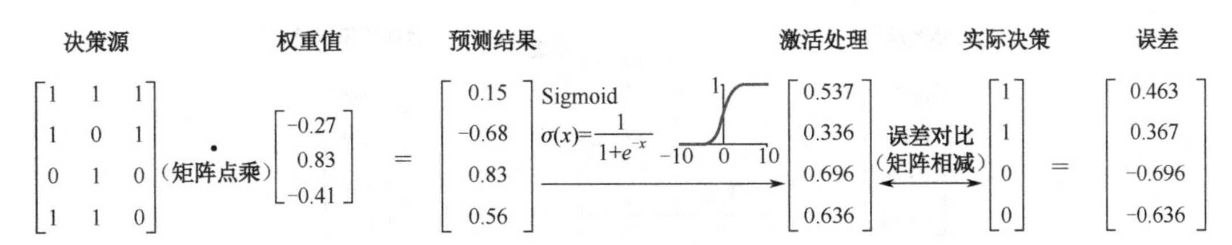

图 2–15　激活函数

经过激活处理后，预测结果被映射到一个(0,1)的区间，可以认为这是在当前权重值计算下，小明可能去看电影的概率。由于这是历史数据，小明最终是否去看电影是已经知道的，所以就可以对激活处理后的预测矩阵与实际决策矩阵进行误差计算，误差计算的方法也很简单。就是通过矩阵相减得到差值。很明显，差值越大，预测结果越差，差值越小，预测结果越好。

第四步，调整大小（梯度下降）。

通过第三步的计算，我们已经得到了一个误差结果。现在需要通过这个误差，对权重值进行调整，以期望下一次获得更小的误差。

那么我们是否可以直接使用误差矩阵去更新权重值呢？答案是否定的，或者可以称这是一个非常不好的决定。因为直接使用误差进行更新，无法反映越接近正确目标，调整参数应该越来越谨慎这一原则。例如，我想快速拿起一个水杯，那么在最开始时，手的速度应该非常快；而越靠近水杯时，手的速度应该放慢。因为手的速度太快的话，就很容易碰到水杯。

回到我们的问题，我们希望求出激活处理后的预测矩阵最终接近什么样的效果？因为希望知道小明最终会不会去看电影，那么越接近 0，或者越接近 1，就越能帮助我们确定结论，而概率 0.5 对我们帮助并不大。为了达到这个效果，我们对 Sigmoid 函数进行观察，会发现，越靠近中间 0.5 的地方，曲线越“陡峭”，越靠近 1，或者 0 的地方，曲线越“平缓”，这正是我们希望的效果，而一个函数的曲线“陡峭”或者“平缓”，正是函数导数的作用。预测结果见图 2-16。

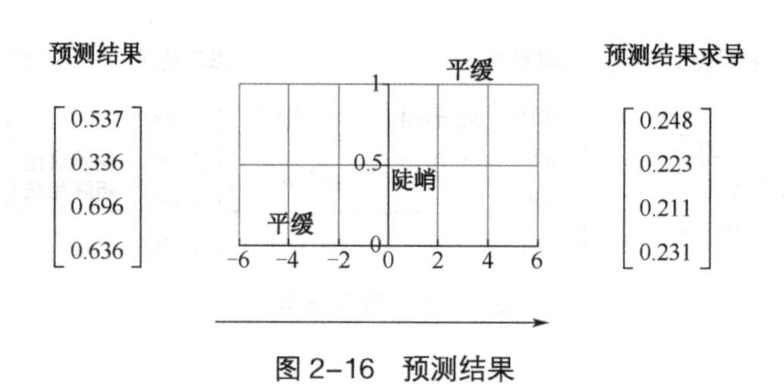

图 2–16　预测结果

有陡峭和平缓的幅度区分还不够，我们还需要一个值来确定调整的大小与步长，这里就可以利用误差矩阵了，这个值反映了距离正确的结果还有多大的差距。于是，可以使用误差矩阵中的值乘以预测矩阵求导后的值，如图 2-17 所示。经过一系列计算，我们得到了一个趋向调整值矩阵，而每个预测结果经过趋向调整后，都会更接近于实际决策，不过还需要通过调整矩阵对权重值进行调整。

第五步，权重调整。

最后，是进行权重调整。很直观的感受就是，我们希望 6 个预测结果都更接近于实际决策，但权重值只有 3 个，这里就需要使用计算得到的趋向调整矩阵来对权重值进行调整。

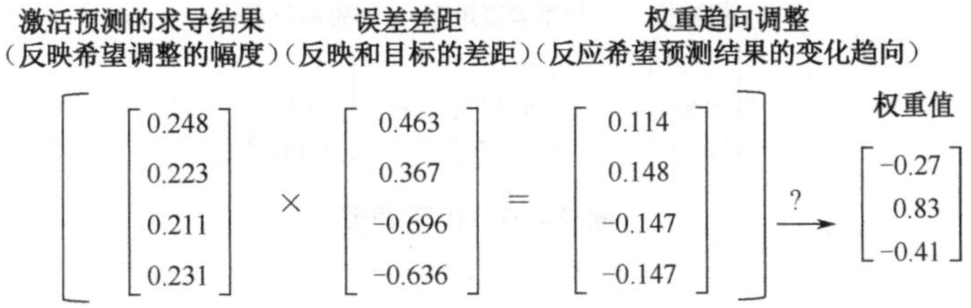

激活预测的求导结果
（反映希望调整的幅度）
误差差距
（反映和目标的差距）
权重趋向调整
（反应希望预测结果的变化趋向）
0.248
0.223
0.211
0.231
×
0.463
0.367
−0.696
−0.636
=
0.114
0.148
−0.147
−0.147
?
权重值
−0.27
0.83
−0.41

图 2–17　求导值

首先，需要明白的是，趋向调整矩阵中的每个值都是 3 个决策因素共同的影响结果，而权重值是单个决策因素调整的值。如果我们知道了单个权重值应该如何调整，我们就知道了所有的权重应该如何调整。这里使用的方法是使用决策矩阵的转置乘以趋向调整矩阵，再以这个例子进行解释，见图 2-18。

决策源
决策源转置
趋向调整矩阵
权重调整矩阵
1 1 1
1 0 1
0 1 0
1 1 0
转置
1 1 0 1
1 0 1 1
1 1 0 0
·
（矩阵乘）
0.114
0.148
−0.147
−0.147
=
0.115
−0.179
0.263

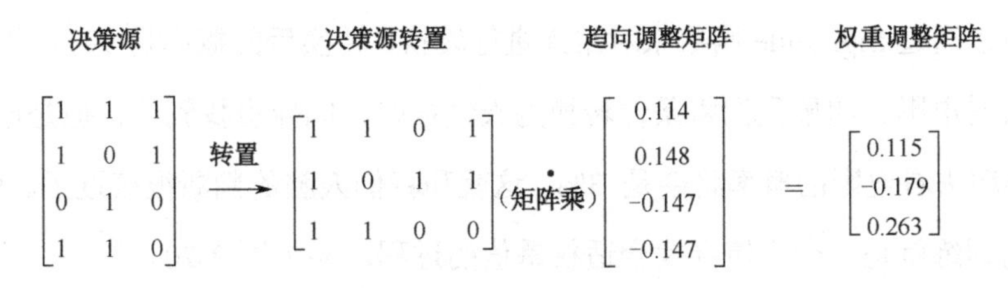

图 2–18　权重调整例子

决策源矩阵原来每一行表示一次决策，列分别表示天气、同伴、电影票价格。将矩阵转置后变成，行表示天气、同伴、电影票价格，列表示决策。而矩阵点乘是使用前一矩阵的行，乘以后矩阵的列，也是权重调整矩阵的第一个数 0.115，是通过决策源转置矩阵的第一行乘以趋向调整矩阵的列计算得到的，即：$1\times0.114 + 1\times0.148 + 0\times(-0.147) + 1\times(-0.147)$计算得出的，而决策源转置的第一行代表天气因素，趋向调整矩阵代表整体应该调整的方向。这样就得到了单个天气因素应该调整的方向。依次类推，就可以知道同伴、电影票价格应该调整的方向。

从图 2-19 权重调整可以看到，神经网络经过第一次训练，认为电影票价格的权重应该提升，同伴的权重应该小一些，但同伴的影响因素是最大的，这与我们人脑识别的结果还是有一定差距的。不过，神经网络再经过多次训练，就会更接近人脑识别效果了。

权重值　　权重调整矩阵　　调整后权重值

$$\begin{bmatrix} -0.27 \\ 0.83 \\ -0.41 \end{bmatrix} + \begin{bmatrix} 0.115 \\ -0.179 \\ 0.263 \end{bmatrix} = \begin{bmatrix} -0.154 \\ 0.650 \\ -0.146 \end{bmatrix}$$

图 2–19　权重调整

第六步，多次训练。

一个单神经元单层的神经网络一次更新过程完成后，自然误差值仍然比较大，我们循环 1 000 次对神经网络进行训练，最后，可以得到 $w1=-3.8$,$w2=0.46$, $w3=6.69$。可以清晰地看出，小明做决策时，权重大小依次是价格、同伴和天气。如果这个周日的情况是天气不好，但是找到了同伴，电影票价格也满足了要求，通过计算，小明可能去看电影的概率 $z=7.15$。此时，我们会产生疑惑，去看电影的概率 7.15 是否够大呢？此时，我们仍然可以通过 Sigmoide 函数来对结果进行转换，转换后的概率是 99%，说明小明非常有可能去看电影。如果我们将条件转换为天气很好，同伴也找到了，但是电影票钱太贵，那么小明去看电影的概率将会是 3%，这就和我们人脑的判断很接近了。可以看到，神经网络的训练就是一个不停寻找合适权重值的过程，参见图 2-20。

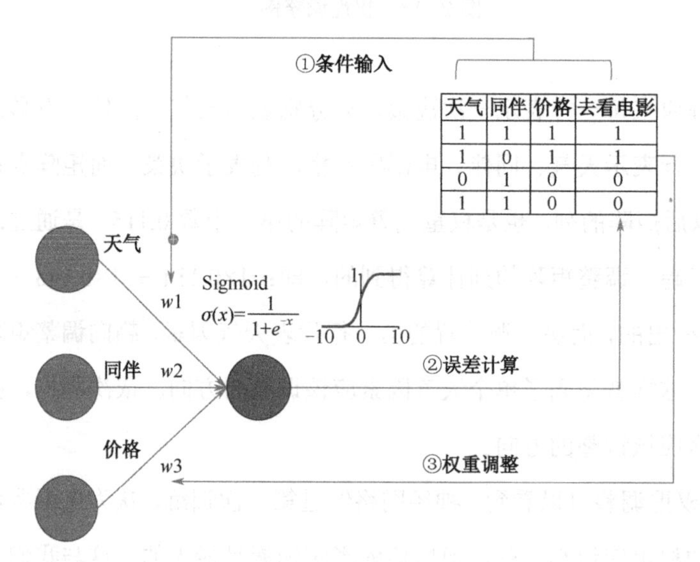

天气	同伴	价格	去看电影
1	1	1	1
1	0	1	1
0	1	0	0
1	1	0	0

图 2–20　多次训练

2.2.3 多层神经网络

感知器是最简单的神经网络，也就是只有一个神经单元的单层神经网络，但是实际上，神经网络可以是较多层的复杂结构。

图2-21神经网络是一个经典的神经网络，包含三个层次的神经网络。最前面的是输入层，最后面的是输出层，中间的叫隐藏层（也叫中间层）。输入层（Input Layer），接受大量非线性输入消息。输入的消息称为输入向量。输出层（Output Layer），消息在神经元链接中传输、分析、权衡，形成输出结果。隐藏层（Hidden Layer），是输入层和输出层之间，众多神经元和链接组成的层面。隐藏层可以有一层或多层，是具体进行分析的层。神经网络层之间的结果传递，会用到上一节我们学习到的激活函数。

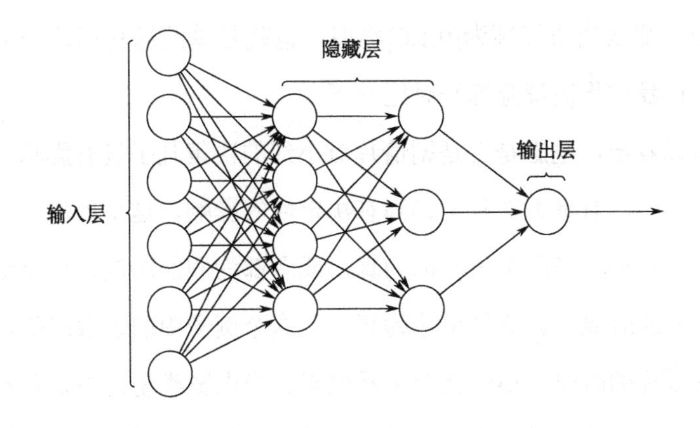

图2–21 神经网络

通过之前的介绍，我们可以了解到，单个神经元接收一些输入，然后进行输出。简而言之，可以理解为如果我们认为输出有效，则认为这个神经元被“激活”。多层神经网络的工作原理也就是将单个感知器的工作原理进行拓展，一次输入后，有 n 个隐藏层的神经单元进行输出，最后达到输出层。

既然单层神经网络可以工作，为什么我们还需要多层神经网络呢？让我们仍然举一个实际的例子，对多层神经网络的工作原理进行讲解。在这个例子中，我们换一个主角：小红。小红看电影时，更加关注的是电影故事的类型。根据小红之前看电影的经历整理出表格，见表 2-3。

表 2-3 数据表

剧情	科幻	喜剧	去看电影
1	1	0	1
1	0	0	0
1	1	1	0
1	0	1	1

表格的前三列分别表示电影是否为剧情片、科幻片、喜剧片，最后一列表示小红是否去观看了电影。那么当决策源为[0,1,0]类型，也就是单纯的科幻片类型时，小红是否会去看电影呢？让我们将决策源拆开对比一下。

从表 2-4 可以看出，电影是否是剧情片对小红的决策几乎没有影响，而电影如果是科幻类型或喜剧类型，对是否观看电影则有决定性的影响。这呈现出异或的关系。异或是一个逻辑上的运算符，当两个条件都为真，或者都为假的时候，计算结果为假。只有当条件是一真一假的时候，计算结果才为真。在这个例子中的表现就是，当电影类型是科幻片，或者喜剧片的时候，小红就会去看电影。当电影类型既不是科幻片，也不是喜剧片的时候，小红可能不去看电影。并且，当前电影类型是科幻喜剧片的时候，小红则不喜欢这种组合，也不会去看电影。所以，按人脑根据之前决策的分析，如果电影类型是单纯的科幻片，小红应该有较大的概率会去看电影。接下来，试试神经网络能否得出同样的结论。如果按之前的单神经元单层神经网络设计，则构建的神经网络为（见图 2-22 单层神经网络）。

表 2-4 决策源

剧情	去看电影
1	1
1	0
1	0
1	1

科幻	喜剧	去看电影
1	0	1
0	0	0
1	1	0
0	1	1

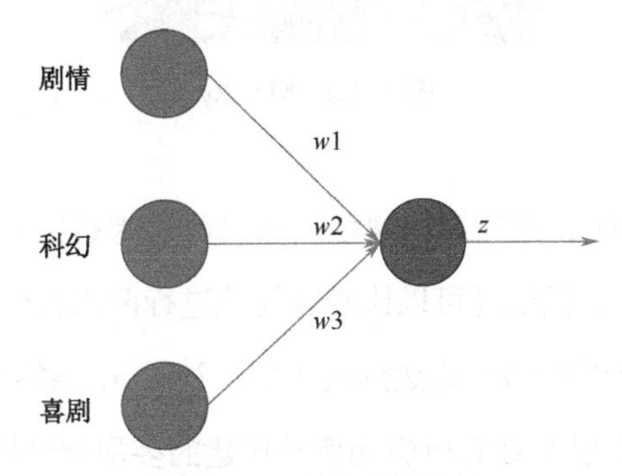

图 2-22 单层神经网络

仍然按照之前的计算方法，经过训练可以得到，$w1 \approx 0$，$w2 \approx 0$，$w3 \approx 0$，也就是三个权重值都接近 0。如果将预测的决策设为[0,1,0]，也就是单纯的科幻片时，代入神经网络中，经过激活函数后，得到的概率是 50%，这让人很难判断小红到底去不去看电影，并且，代入之前已知决策结果数据为[1,1,0]，也就是如果是科幻剧情片，小红去看电影的概率，神经网络得出的计算结果仍然是 50%。这说明单个神经元的单层神经网络，也就是感知器无法解决有异或条件的问题。

这也是人工智能领域的泰斗 Minsky（见图 2-23）对使用神经网络持有批判态度的原因。Minsky 在 1969 年出版了一本叫 *Perceptron* 的书，里面用详细的数学证明了感知器的弱点，尤其是感知器对 XOR（异或）这样的简单分类任务都无法解决的弱点。Minsky 认为，如果将计算层增加到两层，计算量过大，而且没有有效的学习算法。所以，当时他认为研究更深层的网络是没有价值的，这直接导致了人工智能研究的一次寒冬。

图 2-23　Minsky

Minsky 当时受限于计算机性能的问题，认为两层神经网络计算量太大没有使用价值，但实际上，目前的计算机已经可以比较容易地进行两层神经网络的计算，利用 GPU 集群加速，深度学习的神经网络已经达到几十层，神经元个数可以达到百万个。

如图 2-24 所示，这是以小红看电影为例子搭建的多层神经网络。相比单层单感知器的神经网络，这个多层神经网络有两层 5 个感知器。其中，隐藏层有 4 个感知器，接受输入层的输入数据，经过和单层神经网络类似的训练方式后，将结果输出到输出层。输出层再进行一次运算得到最终的结果。当然，多层神经网络隐藏层的层数和每一层的神经元个数，是可以根据问题具体调整的，并不是一个确切的规定。

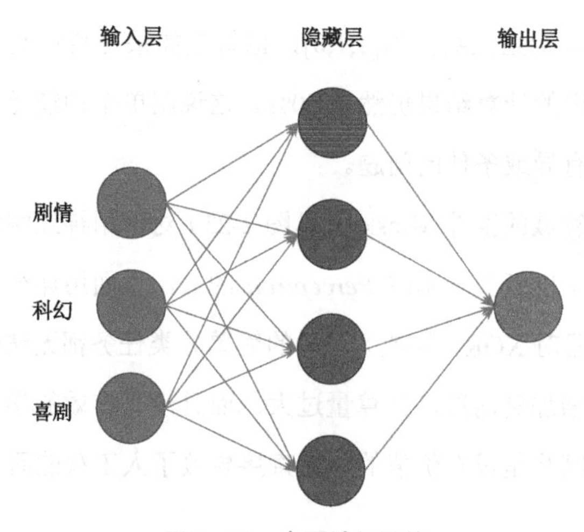

图 2-24　多层神经网络

单个感知器无法处理异或问题的最大原因就是，计算公式 $z = a1*W1 + a2 * W2+ a3 * 3$ 是一个线性关系公式，是无法体现异或的运算结果的。同时，也只有 *W*1，*W*2，*W*3 三个权重可以调整，那么上图的多层神经网络有多少个权重值呢？答案参见表 2-5。

表 2-5　多层权重值

	输入层到隐藏层权重		
神经元 1	W11	W12	W13
神经元 2	W21	W22	W23
神经元 3	W31	W32	W33
神经元 4	W41	W42	W43

隐藏层到输出层权重
W1
W2
W3
W4

从表 2-5 可以看到，从输入层到隐藏层 4 个神经元，每个神经元都有 3 条线，一共有 3×4=12 个权重值，而隐藏层到输出层，有 4 条线，也代表有 4 个权重值。所以，这个简单的多层神经网络一共有 16 个权重值可以调整，比起之前的简单神经网络多了 5 倍以上。隐藏层的 4 个神经元，每个神经元接受 3 个输入的决策数据源，一共得到 4 个输出，这 4 个输出数据再和隐藏层到输出的 4 条线上的权重值进行计算，得到最终的输出。

多层神经网络有两个重要的过程：

① 将输入层的结果经过神经网络传递，得到输出层的结果；

② 用输出层的结果计算误差，反向通过神经网络传递，调整权重。

这两个过程有许多的方法可以实现。例如，最为广泛使用的 BP（Back Propagation）神经网络，其原理是通过数学上微分的方法来对神经网络中的误差进行传播的。这里先略过繁复的数学证明，先通过实际计算来体会 BP 神经网络的工作原理。

第一步，数据集获取。

和只有一个神经元的神经网络一样，多层神经网络首先需要将数据抽象为容易计算的矩阵，见图 2-25。

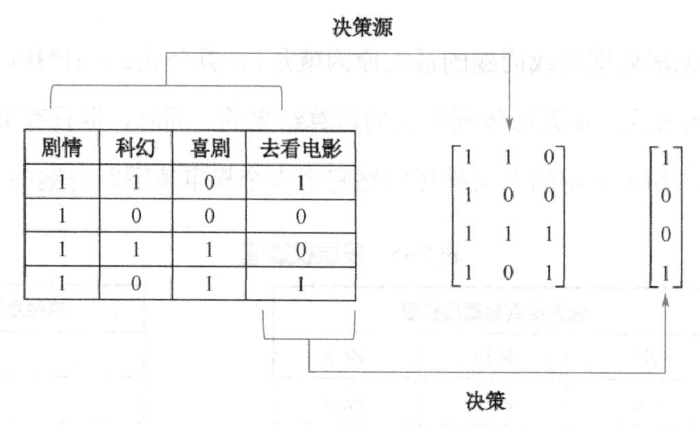

剧情	科幻	喜剧	去看电影
1	1	0	1
1	0	0	0
1	1	1	0
1	0	1	1

$$\begin{bmatrix}1&1&0\\1&0&0\\1&1&1\\1&0&1\end{bmatrix} \quad \begin{bmatrix}1\\0\\0\\1\end{bmatrix}$$

图 2-25　数据集获取

第二步，权重初始化。

尽管本节所讲的案例中多层神经网络的权重值有 15 个，但在训练前，仍然是先通过随机的方式对所有权重进行初始化的。

第三步，前向传播（FP）。

多层神经网络的前向传播是单个神经元的拓展，每个神经元依然通过

$$\text{Output} = \text{Sigmoid}(a1 \times \boldsymbol{W}1 + a2 \times \boldsymbol{W}2 + a3 \times \boldsymbol{W}3)$$

公式计算出 Z，然后经过 Sigmoid 函数得到输出（output），见图 2-26。

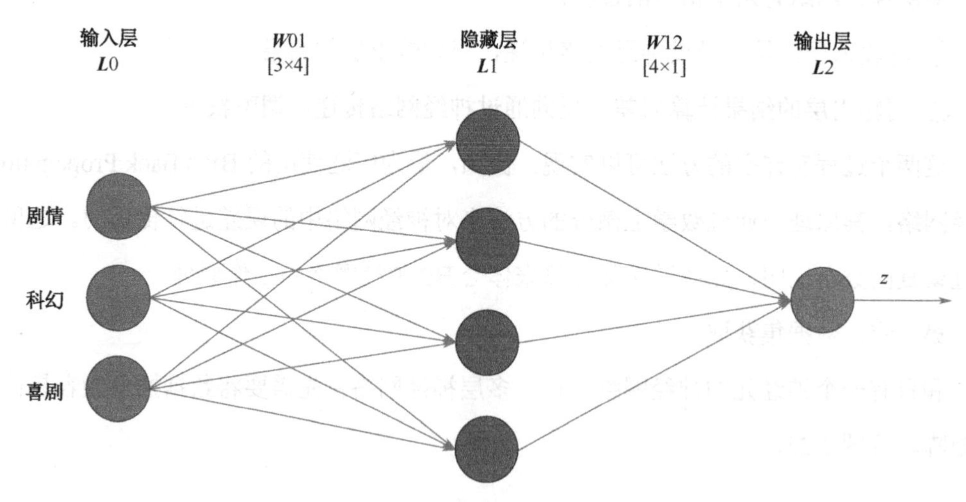

图 2-26　多层神经网络的前向传播

而多个神经元也代表着权重如前表 2-5 所示，不再是 ***W*1,*W*2,*W*3**，而是分为两组。将输入层简写为 ***L*0**，隐藏层简写为 ***L*1**，输出层简写为 ***L*2**。那么权重值矩阵 ***w*01**，表示 ***L*0** 三个神经元与 ***L*1** 四个神经元之间的 12 条线，即一个 3×4 共 12 个值的矩阵。而 ***w*12**，则表示 ***L*1** 四个神经元与 ***L*2** 一个神经元之间的 4 条线，即一个 4×1 共 4 个值的矩阵。神经网络的最终计算目的，就是计算出合适的 ***W*01** 与 ***W*02**，来预测小红的下一步行动。

如图 2-27 向前传输的计算所示，前向传播的过程简述如下：决策源 ***L*0** 点乘权重值矩阵 ***W*01**，得到在隐藏层 ***L*1** 的输出，一个 4×4 的矩阵（4×4 的原因是输入的决策源是一次输入 4 次的），接着使用 ***L*1** 点乘权重值矩阵 ***W*12**，得到当前权重值下的预测结果，即输出层 ***L*2** 的结果，一个 4×1 的矩阵，代表对之前 4 次决策源的预测结果，接下来，就可以使用预测结果矩阵与实际决策矩阵对比来获得误差了。

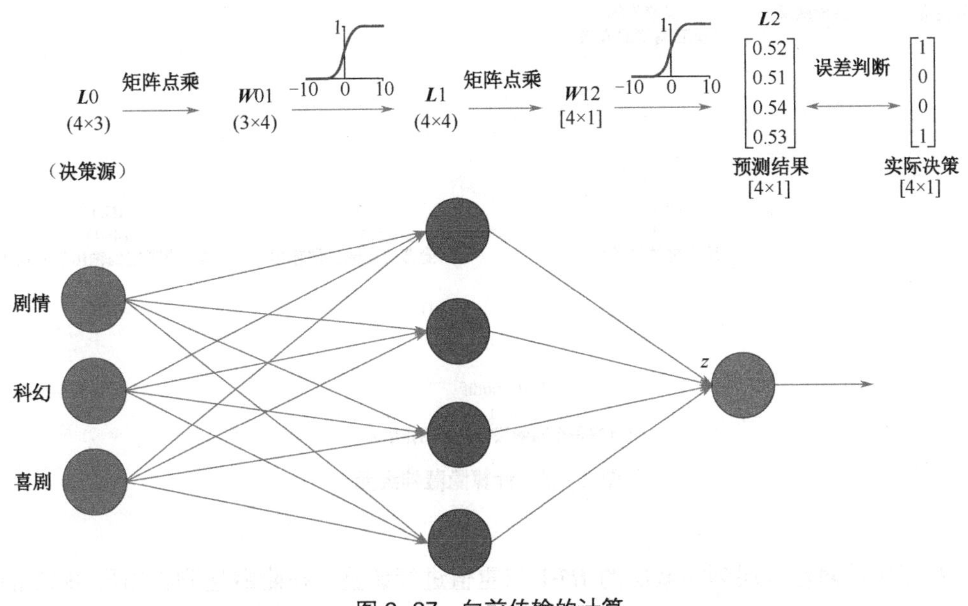

图 2–27　向前传输的计算

第四步，反向传播（BP）。

有了误差后，就需要将误差反向传播，修正 ***W*01** 与 ***W*02** 的权重值，以期望获得接近实际决策的预测结果。这个过程与单层单神经元比起来，要复杂得多，这里将分开讲解。

如图 2-28 计算隐藏神经元所示，与单个神经元的神经网络类似，首先还是通过预测结果与实际决策的差值，计算出误差矩阵，得到调整方向，再通过预测结果矩阵求导，得到调整步伐大小，两者相乘，得到 W12_detal，也就是整体隐藏层输出需要调整的大小，再通过与隐藏层输出矩阵相乘，得到每个隐藏层神经单元需要调整的幅度，并最终作用在 ***W***12 权重值的调整上。

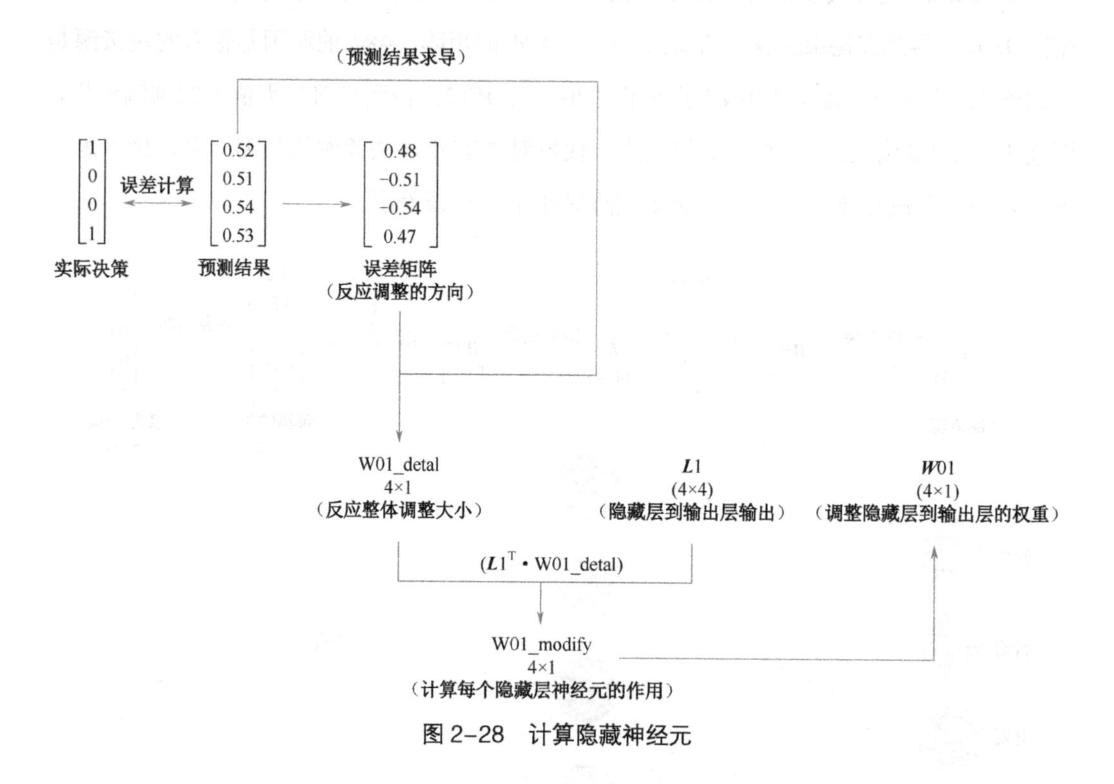

图 2–28　计算隐藏神经元

接下来，对输入层到隐藏层的 ***W***01 权重值进行调整，在隐藏层到输出层 ***W***12 的权重值调整过程中，采用了预测结果与实际决策之间的误差作为参数调整的依据。在对 ***W***12 的调整中，会采用之前计算得到的 W12_detal 点乘 $W12^{T}$ 得到的值作为 ***W***01 的误差值。这里的取值方式正是 BP 神经网络的精华所在，其原理是微分与梯度下降。在不涉及具体数学原理的基础上进行理解就是，W12_detal 是前一层神经网络权重需要调整的幅度，而 ***W***12 是前一层神经网络当前权重，这两个矩阵相乘，可以反映 ***W***12 希望调整的值。而这个值越大，说明隐藏层的输出需要调整的空间越大，也就是误差越大。反之亦然，这个值就是下一层神经网络反向传播给当前层的误差。具体过程如图 2-29 所示。

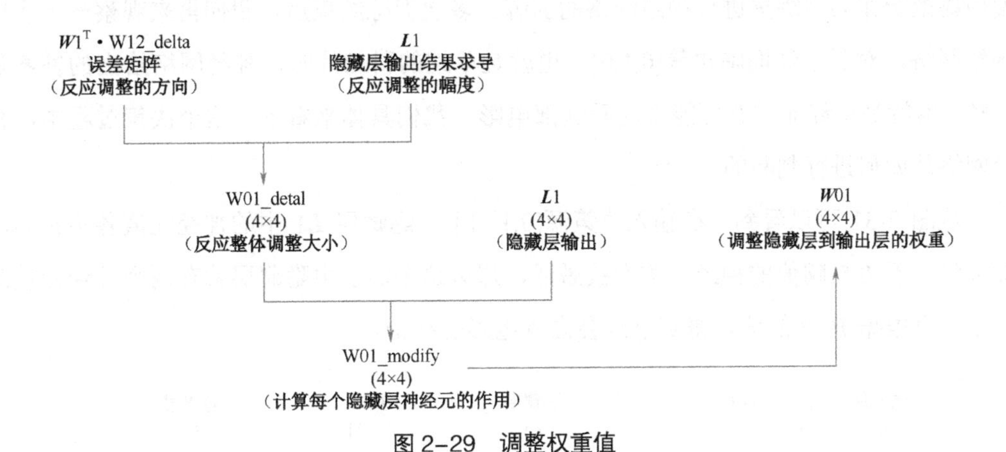

图 2-29　调整权重值

求得 ***W*01** 误差值后，和前一层类似，可以计算得到权重值需要调整的具体数值，并作用在权重值矩阵上，完成当前层的权重值调整，这就是一个两层 bp 神经网络一次误差反向的过程，见图 2-30。

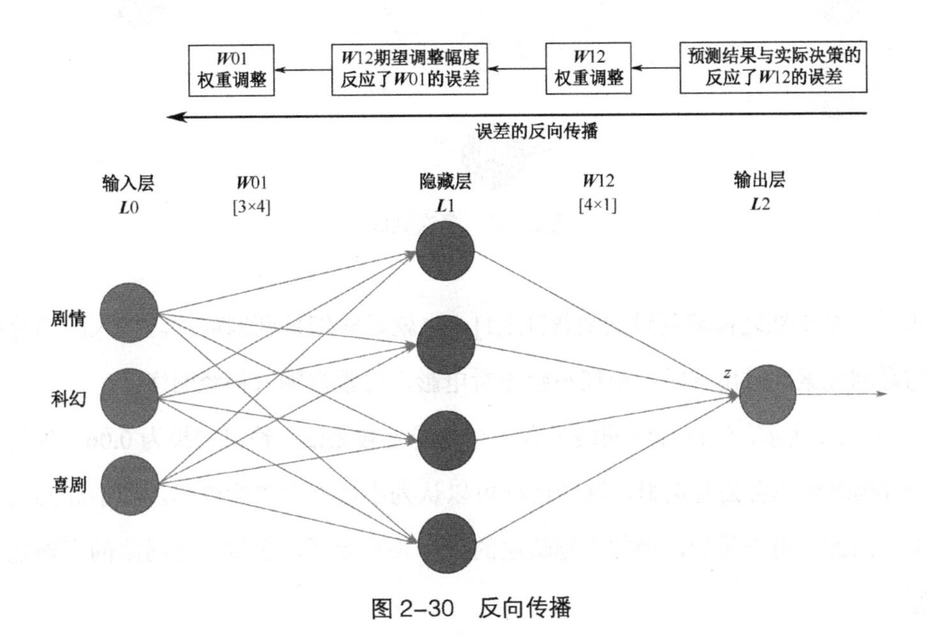

图 2-30　反向传播

第五步，多次训练。

一次训练调整的 **W**01 与 **W**02 权重值矩阵，还无法满足预测的需求，所以需要反复使用决策源作为训练集进行神经网络的训练。多次训练结束后，我们再来观察一下多层神经网络，对于小红面临决策[0,1,0]，也就是单纯的科幻片时，神经网络给出的答案是95%，也就是小红非常有可能去观看这部电影。我们具体来看下，这个决策过程中，神经网络是如何进行判断的。

从图 2-31 可以看到，在输入决策源[0,1,0]下，隐藏层 **L**1 中的神经元值各不相同，如果将大于 0.5 阈值的神经元称为被激活，那么这个例子中隐藏层就有两个神经元被激活了，再根据 **W**12 的值，得到小红会去看电影的结论。

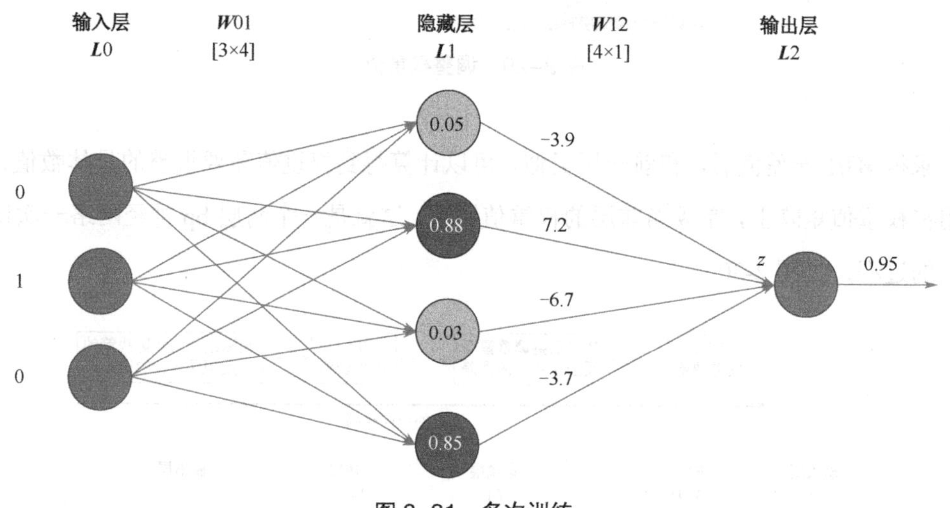

图 2–31　多次训练

再举一个小红之前遇到过的决策[1,1,1]，也就是科幻喜剧剧情片。按人脑的分析，科幻与喜剧元素同时出现时，小红不会去看电影，将数据输入神经网络。

如图 2-32 所示，这次神经网络只有一个神经元被激活，输出结果为 0.06，也就是小红只有 6%的概率会去看电影，这种情况可以认为小红不会去看电影，和小红的实际决策类似。因此，可以看到，当加入隐藏层的 4 个神经元后，多层神经网络的表现能力大大增强。

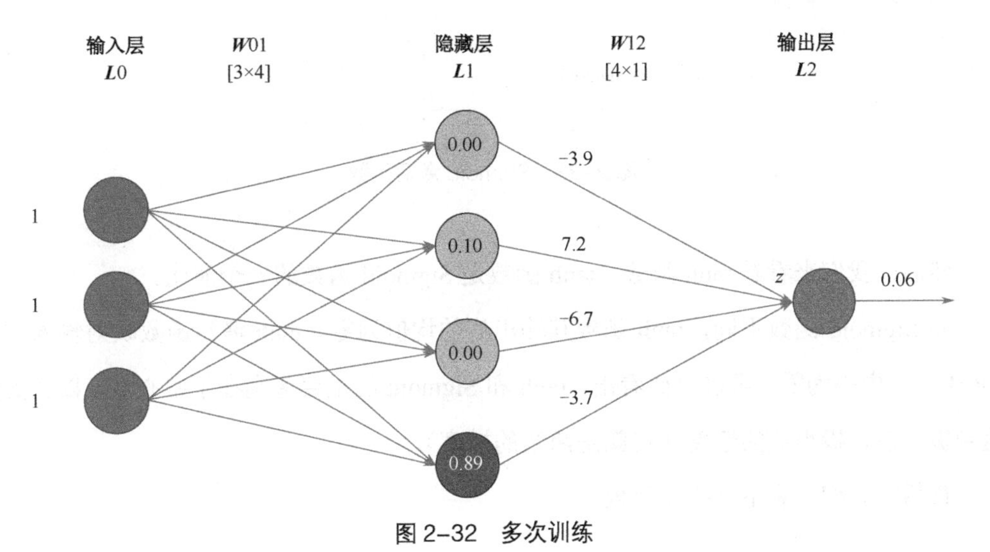

图 2-32　多次训练

2.2.4　激活函数

在之前的例子中，反复用到了 Sigmoid 函数，这样的函数被称为激活函数，用来在神经网络中将多个线性输入转换为非线性关系，用在最终的结果输出，或者在多层网络结构中，将结果输出到下一层网络，这在深度学习网络层数很深时，有非常重要的作用。激活函数的种类非常多，不同的应用场景适用不同的激活函数，我们来介绍一下常用的几种激活函数。

Sigmoid 函数是历史悠久的激活函数，它的使用场景主要限制在分类任务或者预测任务的输出层。

如图 2-33 所示，Sigmoid 激活函数将输入值映射到区间[0, 1]（这恰恰和概率值的区间一致，这正是它在输出层中用于分类任务的原因。同时，别忘了给定层的激活值是接下来一层的输入，由于 Sigmoid 的区间在(0, 1)，激活值将以 0.5 为中心，而不是以零为中心。例如，我们神经网络得到了一个值，希望利用这个值得到一个概率结果，此时我们就可以使用 Sigmoid 函数。

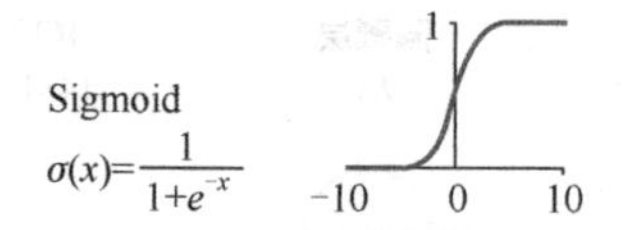

图 2-33　Sigmoid 激活函数

然后，我们来看看 tanh 函数，tanh 函数是 Sigmoid 函数的一个演化。

和 Sigmoid 函数不同，tanh 函数其输出值的均值为零。tanh 激活函数映射输入区间为(−1, 1)，中心为零。可以对比看出，tanh 和 Sigmoid 的主要区别在于中心点，以及更快达到极大值、极小值的速度（也就是函数的梯度）。

最后，我们来看下 ReLU 函数。

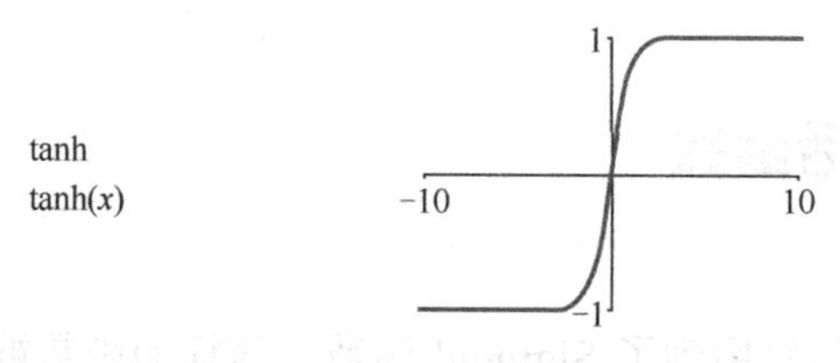

图 2-34　tanh 函数

ReLU 函数，是 Hinton 在 2011 年提出来的，并在其 2012 年参加 imagenet 图像识别比赛的时候为众所周知。它的函数形式比 Sigmoid 函数和 tanh 函数都要简单得多，但是其效果却非常好，主要原因就在于这个函数的右端是一个斜率恒为 1 的直线，所以其在计算梯度的时候会得到恒为 1 的数值，这样的话就在一定程度上避免了深度神经网络里梯度消失的问题，使得我们训练深度神经网络更加容易收敛。不过很明显，其并不适合用于在输出层。

以上介绍的 3 个函数是目前最为常用的激活函数。可以发现，其实函数本身都比较简单，困难之处在于在什么场景下使用哪种激活函数。激活函数的作用在于将一些输入映射到另一个区间上去。最终目的都是将线性输入转换为非线性输出，以供下一层网络，或者输出层使用。

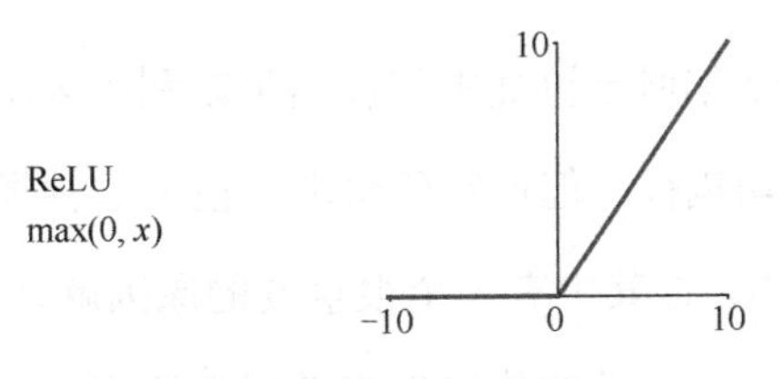

图 2-35 ReLU 函数

2.3 走向深度学习

深度学习的概念源于对人工神经网络的研究，但是并不完全等同于传统神经网络。不过在叫法上，很多深度学习算法中都会包含“神经网络”这个词，比如：卷积神经网络、循环神经网络。所以，深度学习可以说是在传统神经网络基础上的升级，但一定要记住的是，深度学习绝不仅仅是神经网络。

深度学习的发展是对神经网络发展的一个突破与演变，虽然在前面的讲解中，我们见证了神经网络奇妙而又强大的能力，但在神经网络的发展历史中遇到过各种难题。

Minsky 就对单层神经网络无法解决异或问题提出过尖锐的批评，不过使用一个增加了隐藏层的多层神经网络就可以很轻易地解决异或问题，同时也有很好的非线性分类效果。而计算量与权重训练的问题，在 1986 年 Rumelharr 和 Hinton 等人提出了反向传播（Backpropagation，BP）算法中得到了较好的解决。多层 BP 神经网络当时就已经可以在图像识别、语音识别等领域发挥重要的作用。

值得注意的是，当时还很年轻的 Hinton 不仅在 1986 年提出神经网络的概念，在 2006 年，正式提出了深度学习的概念，为当时正处于研究疲软期的神经网络的发展带来新的研究高峰。

神经网络的快速发展带来的主要问题依然是计算量带来的不实用性。例如，被用于图像处理的多层神经网络，需要调整的权重值过多，训练次数要求过高，例如 Hinton 的研究生 Yann LeCun 在 1989 年博士论文中就提出可以利用多层神经网络来进行手写数字的识别。尽管算法可以成功执行，但计算代价非常巨大。神经网络的训练时间达到了 3 天，因而无法投入实际使用。这其中有一个很重要的原因就是梯度消失问题。通俗来讲，就是指神经网络层数过多后，误差的传播将随着层数的增加而逐步减弱，以至于神经网络的权重值难以更新，甚至导致其无法训练，这些问题都将在深度学习中得到较好解决。需要注意的是，Yann LeCun 在后续提出的卷积神经网络，是目前深度学习领域中应用最为广泛的图像识别网络结构。

举一图像识别例子，来直观感受一下多层神经网络遇到的问题。如图 2-36 所示的手写数字识别，这是神经网络的研究方向之一。在之前的例子中，我们了解到多层神经网络通常是由输入层，隐藏层和输出层组成的。小红看电影的例子中的神经网络就有 3 个输入。1 个输出，共 16 个权重值待调整。

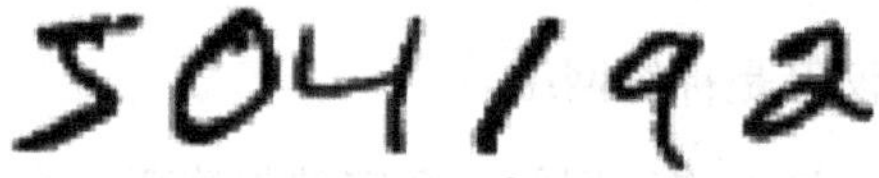

图 2-36　手写数字识别

如图 2-37 所示，手写的数字识别的神经网络输入层将会有 784 个输入（因为训练集图片的大小是 28×28）。有 2 个隐藏层，各有 16 个神经元。10 个输出，分别代表 10 个输出的数字。这里通过计算可以得到，这个神经网络一共有 784×16×16×10 = 2 007 040，即 200 多万个权重值可以被调整。这还仅仅是一张 784 像素小图片。而如今普通的一张照片可以轻易达到几百甚至上千万像素。以目前深度学习被广泛应用的人脸识别的例子来说，想要达到通过神经网络进行人脸识别的效果，就需要层数与神经元的数量够多，而传统的 BP 神经网络则不可避免地会带来计算量过大的问题，还会带来梯度弥散等问题而导致训练困难重重。此时，就是深度学习发挥作用的时候了。

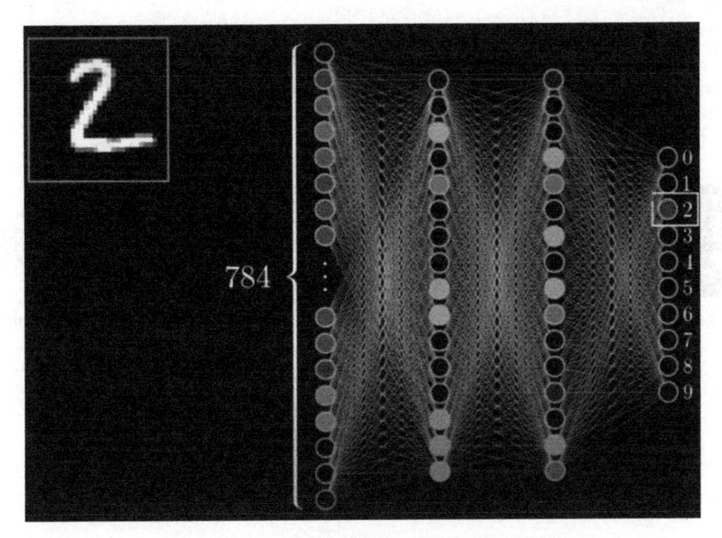

图 2-37 用于手写数字识别的神经网络

2006 年，Hinton 在 *Science* 及相关期刊上发表了论文，首次提出了“深度信念网络”的概念。与传统的训练方式不同，“深度信念网络”有一个“预训练”（pre-training）的过程，这可以很方便地让神经网络中的权值找到一个接近最优解的值，之后再使用“微调”（fine-tuning）技术来对整个网络进行优化训练。这两种技术的运用大幅度减少了训练多层神经网络的时间。Hinton 给多层神经网络相关的学习方法赋予了一个新名词——“深度学习”。

很快，深度学习在语音识别领域崭露头角。接着，2012 年，深度学习技术又在图像识别领域大展拳脚。在 ImageNet 竞赛中，用多层的卷积神经网络成功地对包含一千个类别的一百万张图片进行了训练，取得了分类错误率 15%的好成绩，这个成绩比第 2 名高了近 11 个百分点，充分证明了多层神经网络识别效果的优越性，见图 2-38。

目前，在深度学习领域，学者研究出了一系列方法与技术，来使深度学习更好地进行训练。例如，随机梯度下降与反向传播等。通过这些技术，更深、更大的网络能够被训练和实际使用。目前，训练一个 10 层以上的神经网络非常常见。而且，在诸多实际问题上，层数深、大的神经网络比起浅层神经网络，例如单层或者只有一层隐藏层的神经网络，表现得更加出色。

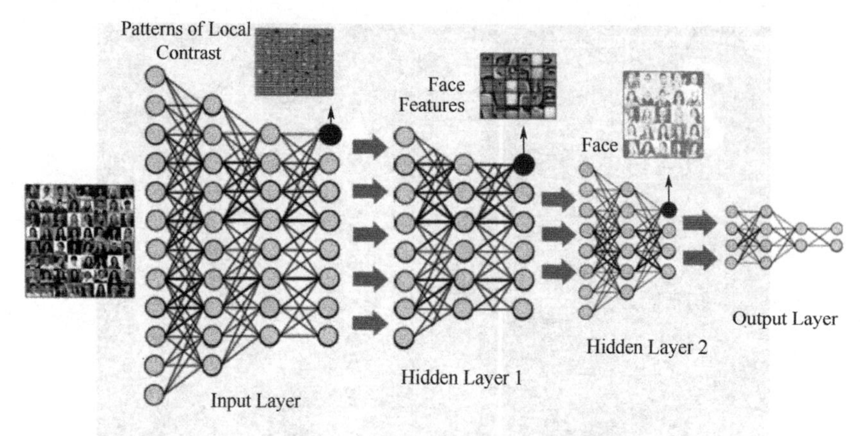

图 2-38　ImageNet 中的图像识别案例

第3章

TensorFlow环境使用

本章，我们使用 TensorFlow 来进行深度学习。在第 2 章中，我们用编码实现了一个简单的神经网络。通过 TensorFlow，可以轻易实现复杂的多层神经网络，如卷积神经网络、循环神经网络等。

TensorFlow 是一个强大的开源库，被广泛地用于各种类型的机器学习中。目前，TensorFlow 有非常多的商业化成功案例。TensorFlow 将机器学习复杂的底层原理部分透明化，初学者在对机器学习有了初步了解后，就可以轻松地进行模型构建与训练。专家也可以把精力主要放在网络的构建与参数调优上，不用去关心代码实现细节。并且，得益于 TensorFlow 的跨“计算图”机制，可以将大型集群训练出的模型，部署到移动设备、嵌入式设备、服务端等平台上。

本章，首先对 TensorFlow 的历史进行简单介绍，然后对 TensorFlow 的基本语法进行讲解，最后的任务部分，则要求安装 TensorFlow，并搭建一个手写数字识别的实例。需要注意的是，本书的内容是基于 TensorFlow 2.x 进行学习的。

3.1 TensorFlow 简介

TensorFlow 名称来源于计算原理，即张量（Tensor）在计算图上流动（Flow）。这里的张量就是矩阵的意思。它的前身叫作 DistBelief，是 Google Brain 开发的机器学习系统，DistBelief 最早可以追溯到 2009 年，由杰弗里·辛顿带领的研发团队实现了一个通用型的神经网络框架。基于这个框架，Google 内部可以快速试验新的深度学习算法效果，例如，将语音识别的错误率降低了 25%。后来，Google 召集了大量的科学家与工程师对 DistBelief 进行改造和优化，这就是于 2015 年 11 月发布的 TensorFlow 0.1 版本。相较于当时其他的机器学习框架，TensorFlow 更容易部署和运行。这使得 TensforFlow 迅速崛起，成为最受欢迎的深度学习框架之一。深度学习框架排名如图 3-1 所示。

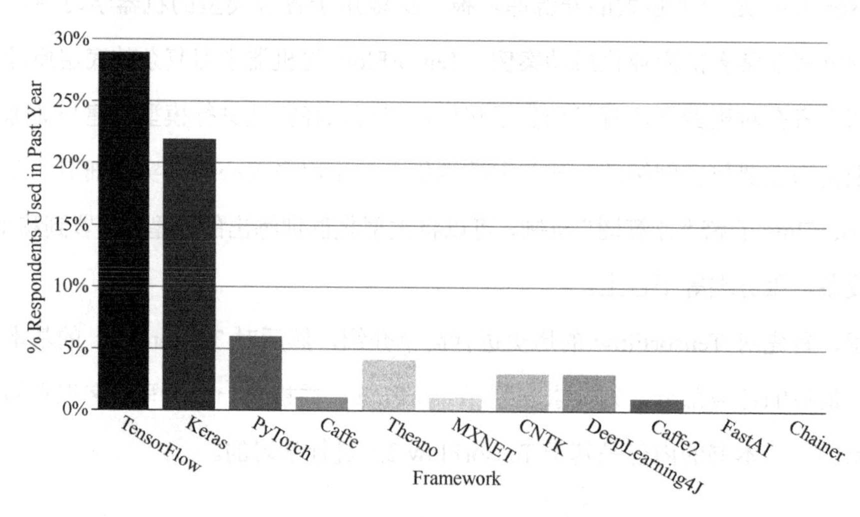

图 3-1　深度学习框架排名

Google 于 2017 年发布了 TensorFlow 1.0 版本，带来了大量机器学习函数库的更新，使得 TensorFlow 更快、更灵活、更稳定。而在 2019 年 10 月发布的 TensorFlow 2.0，更是进一步让 TensforFlow 重生。与 Keras 的紧密集成、即时运行等特性，让 TensforFlow 进一步巩固了自己在机器学习框架中的地位。

3.1.1 TensorFlow 与 Keras 的关系

在 TensorFlow 2.0 中，搭建深度学习神经网络用的是 tf.keras API。tf.keras 是 TensorFlow 对 Keras 的封装，并在其中添加了许多功能。在后续章节中搭建神经网络时，会较多地使用 tf.keras 的 API，那么 Keras 与 TensorFlow 的关系是什么呢？

首先，让我们简要回顾下 Keras 的发展历史。Keras 是于 2014 年由弗朗索瓦・肖莱开源的高层深度学习 API。在 TensorFlow 2.0 中，使用 Keras 作为前端 API，TensorFlow 作为后端，这里“前端”的意思是相对于“后端”而言的。举一个例子来说，如果说深度学习搭建神经网络是在修建一栋房屋的话，那么 Keras 就是一堵墙、一个屋顶、一个楼梯，而 TensorFlow 则是砖、钢筋、水泥。使用 Keras 可以快速地进行一栋房屋的搭建，而不关系具体的修建细节。类比深度学习，Keras 定义了如何声明全连接层、卷积层、激活层等神经网络中的高级概念，对普通用户而言，使用 Keras 搭建神经网络比直接使用 TensorFlow 要更加快捷，如图 3-2 所示。

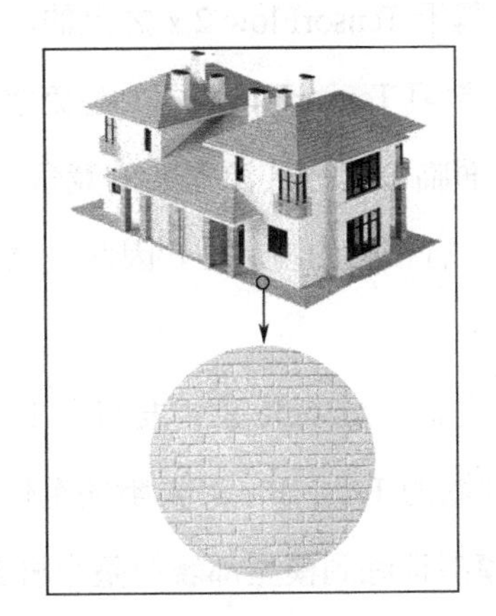

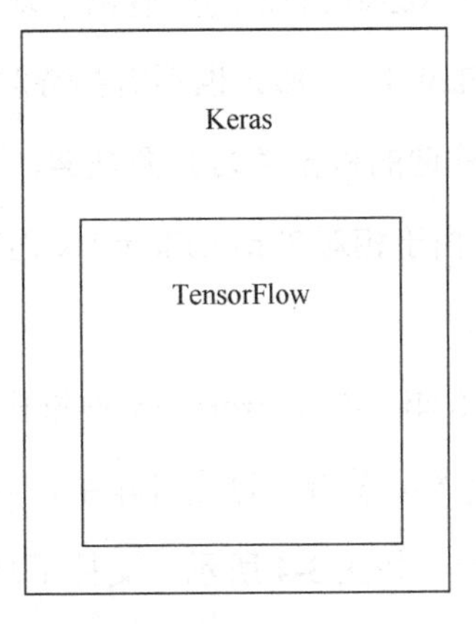

图 3-2　Keras 与 TensorFlow 的关系

Keras 本身并不具备实际的底层运算能力，它需要搭配一个具备底层运算能力的后台。Keras 的特点就是可以互换后端。也就是说，一个后端编写并存储的模型可以在另一个后端加载并运行。在 Keras 最初开始流行的时候，TensorFlow 还没有稳定的开源版本。当时 Keras 主要采用 Theano（目前已停止维护）作为后端，TensorFlow 在 2015 年正式开源发布后，Keras 才慢慢开始使用 TensorFlow 作为后端。随后，弗朗索瓦加入 Google，在 TensorFlow 2.0 将 Keras 封装为与 TensorFlow 结合性更好的 tf.keras 时，使其得到了 TensorFlow 组件更好的支持，同时弱化了后端可替换的特性。

于是，在 TensorFlow 2.x 中，可以使用 tf.keras 搭配 Eager Exection（即使运算），进行快速神经网络搭建与验证，如图 3-3 所示。

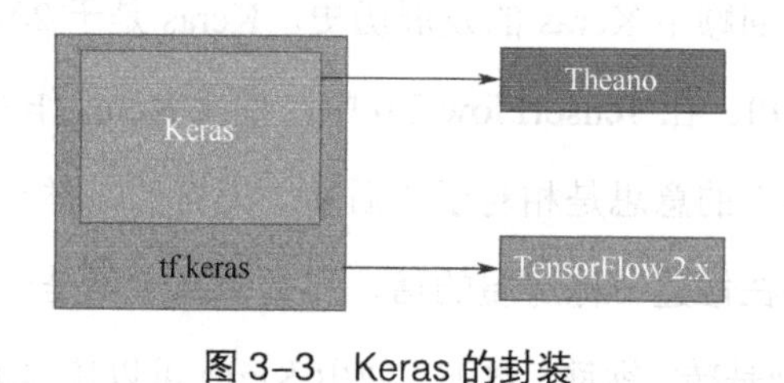

图 3-3　Keras 的封装

3.1.2　TensorFlow 1.x 与 TensorFlow 2.x 的区别

本书中关于 TensorFlow 的所有例子均是基于 TensorFlow 2.x 之上的。如果读者没有接触过 TensorFlow 1.x，那么也不需要特意去学习 TensorFlow 1.x，避免做无用功。作为一经推出就受欢迎的机器学习开源框架，也面临着其他开源框架的竞争，如 FaceBook 推出 PyTorch，由于相对 TensorFlow 1.x 而言，有很强的易用性，因此一直是 TensorFlow 的有力竞争者。

所以，2018 年，在 TensorFlow 被推出 3 年时，Google 正式发布了 TensorFlow 2.0，抛弃了原有的架构，整合了过去几年中，各领域为 TensorFlow 贡献的组件，将它们打包为一个综合平台，如图 3-4 所示，支持了从模型训练到模型部署的整个机器学习流程。

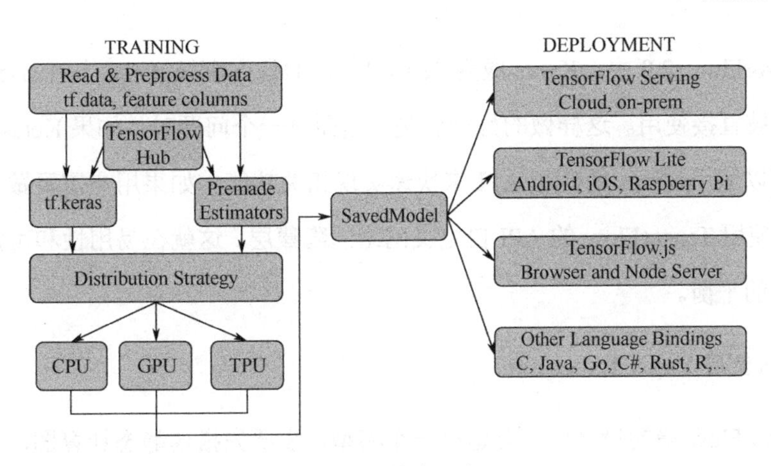

图 3-4　综合平台

在 TensorFlow 2.0 中，主要关注简单性与易用性这两方面内容，重点有以下更新。

- 使用 Keras 作为高层 API，配合 Eager Execution，使用动态计算图搭建模型，可以快速、轻松地进行模型搭建。
- 增强模型部署能力，训练出模型，可以在其他平台、移动端、嵌入式设备、浏览器端，甚至其他语言平台部署并使用。
- 清理冗余与废弃的 API，使整体流程更加清晰，平缓学习曲线。
- 提供更多、更强大的实验工具，为使用者提供方便的调试功能。

下面将介绍 TensorFlow 2.x 相对于 TensorFlow1.0 的改变。

1. 使用 Keras 作为高级 API

在 TensorFlow1.x 中，最为人诟病的是，搭建神经网络有许多 API 可以使用，但使用上都不直观和方便。例如，用户可以选择使用 tf.slim,tf.layers,tf.contrib.layers 中的一种组装神经网络后，加入 session 中再进行运行，使得使用者经常困惑和有选择困难，无法区分哪种情况使用哪种 API，而且修改网络模型也不方便。Keras 作为一个流行的高级深度学习 API，可以用非常直观的方式构建深度学习网络，将输入从一个模块传递到下一个模块，其中模块分别代表神经网络中的全连接层、卷积层、池化层等具体网络层。

在 TensorFlow 2.0 中，Keras 成为 TensorFlow 的官方高级 API，与 TensorFlow 无缝集成，可以被直接使用。这样做的好处就是，当面对一个问题时，如果 Keras 足以胜任，那么用户可以使用 Keras 的高级 API 来快速实现相关功能。如果用户需要做一些特殊处理，则可以使用 TensorFlow 的 API 自定义网络的隐藏层。这就在易用性和可定制性之间取得了很好的平衡。

2. 默认使用 Eager Execution

在 TensorFlow 最初设计中，要运行一个模型，需要先搭建静态计算图，并加入会话（session），然后调用“session.run()”执行计算机图。这种方式在性能和并发性上都有出色的表现，但是学习曲线较陡，调试也比较困难（因为无法立即和直观观察结果）。而另一个机器学习框架 PyTorch 则采用了动态图方案，可以让每一步代码都立即得到结果，所以尽管 PyTorch 的效率不如 TensorFlow，但得益于简单、直观的流程与方式，使得 PyTorch 对于新加入机器学习的学习者来说，更具有吸引力。

所以，在 TensorFlow 1.4 中，官方团队就引入了 Eager Execution（即刻执行）的方式来降低学习难度，在保留高性能的同时，整体体验上模仿 PyTorch 的便捷性。但当时，这只是作为可选操作，用户可以自主选择是否使用。在 TensorFlow 2.0 中，正式将已经成熟的 Eager Execution 作为默认编码方式。

3. 精简 API

在 TensorFlow 1.x 中，有一个让人困惑的情况是，面对一个问题，有时候难以确定到底要使用哪个 API，因为有非常多的 API 可以完成类似的功能，这主要是由于以下原因造成的。在 TensorFlow 1.x 的发展过程中，添加了非常多的 API 包，同时又有很多 API 被标注废弃，相同功能的 API 被反复重命名，导致 TensorFlow 1.x 的 API 体系非常复杂和混乱，备受使用者诟病。针对这个弊端，TensorFlow 2.0 对 API 体系进行了彻底更新，大量的冗余 API 被彻底放弃，或放入其他包中，还有一部分被易用的 API 替换。这些大刀阔斧的修改使得 TensorFlow 2.0 更易用，但也不再兼容 TensorFlow 1.0 代码，TensorFlow

官方提供了详尽的升级文档与升级脚本来指导用户升级。

4. 使用 function 替代 session

在 TensorFlow 2.0 中，使用了动态计算图加 Eager Execution 作为默认机制，并且废弃了 session 这个概念，使得模型的搭建过程和普通编程方式更为相似。不过，这在使 TensorFlow 2.0 更易用的同时，也在一定程度上牺牲了执行效率。为了提高运行速度，TensorFlow 2.0 引入了 tf.function 这个概念，使用 Python 的装饰符@tf.function 可以自动地将函数转换为计算图。这种被转化出来的图，也称为 tf.AutoGraph。

5. 取消全局变量

TensorFlow 1.x 创建的全局变量，在调用 tf.Variable()创建时，这个变量会被放到一个默认图中。这就导致对应的变量超过它的生命周期（如在 Python 中应该被垃圾回收）时，依然会存在于默认图中。当使用人员试图去恢复使用这个变量时，就必须知道变量的名字。在实际模型搭建与训练过程中，TensorFlow 的 API 会自行创建很多变量，而用户无法完全得知这些变量的名字。在 TensorFlow1.x 中，引入了一些方法来试图解决这个问题，但是没有获得很好的效果。

在 TensorFlow 2.0 中，摒弃了 TensorFlow 1.x 中的种种方法，采用变量跟踪机制，使用动处理变量。当 TensorFlow 不再引用一个变量时，该变量会被自动回收。

3.2 TensorFlow 基础

在这一节中，我们将对 TensorFlow 的基本概念（张量+计算图）进行介绍，并以一个实例，使用 TensorFlow 实际搭建一个神经网络。

如果说程序编写需要的基本概念是数据结构+算法，那么 TensorFlow 的程序核心正如其名：Tensor+Graph，也就是张量+计算图。类似于 int，double 等是 C、Python 等编程语言参与运算的基本数据结构，张量就是 TensorFlow 中的基本数据结构。而计算图则是 TensorFlow 的基础运算规则。

3.2.1 张量

张量是 TensorFlow 所有运算的基础。接下来，我们会详细介绍张量的定义及如何运用张量来参加运算。

1. 张量的含义

在数学中，张量（Tensor）表示一种广义上的“数量”和“数值”，包括标量、矢量和线性映射等。在这里，我们不深入研究张量的数学意义，把注意力主要集中在 TensorFlow 中。在 TensorFlow 中，张量可以被理解为编程语言中的不可变多维数组。n 阶张量就是 n 维数组。0 阶张量就是纯量（数值）。

张量、数组与数学实例的关系如表 3-1 所示。为了便于读者更好地理解，图 3-5 描绘了张量实例。

表 3-1　n 阶张量

张量	数组(Python)	数学实例
0 阶张量	a = 1	数值
1 阶张量	a = [1,2,3]	向量
2 阶张量	a = [[1,2],[3,4]]	矩阵
3 阶张量	a = [[[1,2],[3,4]],[[5,6],[7,8]]]	数据立方
.....	.....	......

低阶张量一般可以通过现实中的例子作为辅助参考。比如，0 阶张量指一个价格牌的价格，1 阶张量是一组价格牌，2 阶张量是一张黑白图片，3 阶张量可以是一个彩色图片（由 RGB 分量形成的 2 阶张量组成），4 阶张量可以是一个视频，也就是在彩色图片

的基础上加上了时间维度，这理解起来并不困难。但如果试图直接去想象更高阶的张量，可能就会遇到困难，读者可以不用纠结于此，多阶张量的想象对于数学家而言，也需要经过刻意训练，或者用相关理论知识辅助才能够完成。在目前的 TensorFlow 学习中，读者可以先抓住 n 阶张量，这指的是 n 维数组这个核心，在进阶学习中进一步探索张量在数学中的应用。

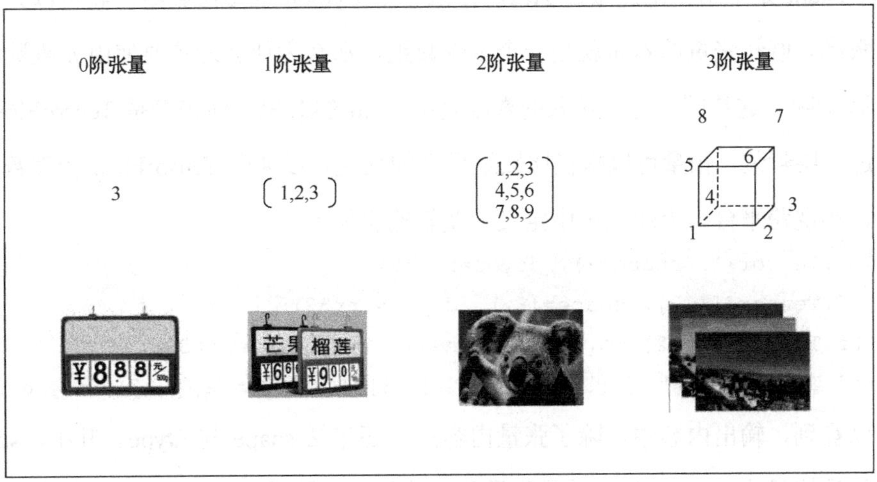

0阶张量 1阶张量 2阶张量 3阶张量

图 3-5 张量实例

需要再次强调的是，和普通数组不同，TensorFlow 的张量是一种有特殊作用的不可变多维数组。也就是说，张量一旦被定义，就不可以被改变。如果需要编辑，则需要创建一个新的张量对象来接受改变后的值，或者使用变量。

2. 定义张量

在 TensorFlow 中，用户可以使用不同的方式来定义张量。接下来，我们以代码 3-1 为实例进行讲解。

代码 3-1

```
import tensorflow as tf
# 使用单个数字创建0阶张量
```

```
t0 = tf.constant(1)
# 使用一维数组创建1阶张量
t1 = tf.constant([1, 2])
# 使用二维数组创建2阶张量
t2 = tf.constant([[1, 2], [3, 4]])
# 使用三维数组创建3阶张量
t3 = tf.constant([[[1, 2], [3, 4]], [[5, 6], [7, 8]]])
```

tf.constant 是常用的创建张量 API。传入一个 Python 的多维数组，就可以方便地创建一个张量。既然张量的本质就是一个多维数组，那么为什么还需要使用 n 维数组去创建 n 阶张量呢？这是因为这里传入的数组是 Python 的对象，而张量是 TensorFlow 的对象。通过一层封装，张量可以提供比数组更多的功能，以便于 TensorFlow 管理数据、加速运算，实现跨平台。上述代码中定义的变量输出如下。

```
tf.Tensor(1, shape=(), dtype=int32)
tf.Tensor([1 2], shape=(2,), dtype=int32)
tf.Tensor([[1 2] [3 4]], shape=(2, 2), dtype=int32)
tf.Tensor( [[[1 2] [3 4]] [[5 6] [7 8]]], shape=(2, 2, 2), dtype=int32)
```

可以看到，输出内容中，除了张量内容外，还包括 shape 与 dtype。其中，shape 表示的是张量的尺寸，dtype 表示的是张量元素的类型。除了 tf.constant，还有其他 API 可以被使用。例如，创建一个 1 阶、5 个元素的张量，参见代码 3-2。

代码 3-2

```
# 使用 tf.constant 创建指定元素内容的张量
a1 = tf.constant([[1, 2, 3, 4]])
# 使用 tf.ones 创建元素内容全为 1 的张量
a2 = tf.ones((1,4))
# 使用 tf.zeros 创建元素内容全为 0 的张量
a3 = tf.zeros((1,4))
# 使用 tf.range 创建元素变化有规律的的张量(以1开始，间隔2，最大为8)
a4 = tf.range(start=1, limit=8, delta=2)
print(a1)
print(a2)
print(a3)
print(a4)
```

对应的变量定义输出如下：

```
tf.Tensor([[1 2 3 4]], shape=(1, 4), dtype=int32)
tf.Tensor([[1. 1. 1. 1.]], shape=(1, 4), dtype=float32)
tf.Tensor([[0. 0. 0. 0.]], shape=(1, 4), dtype=float32)
tf.Tensor([1 3 5 7], shape=(4,), dtype=int32)
```

除了上面的 API，还可以使用 tf.random 创建随机值填充的张量。例如，使用 tf.eye 创建单位矩阵（二阶张量），使用 tf.sparse 创建稀疏张量等，用户可以在不同场景下，选用合适的 API 创建张量。

3. 张量的属性

张量在 TensorFlow 中是一个 tf.Tensor 对象。这个对象有一系列属性用于描述张量信息。其中，dtype 表示元素的数据类型，例如，可以是 int,double 或其他类型；shape 是 Python 的 list，长度就是张量的阶，指维度大小；size 表示张量中，包含的元素的总个数。

detype 属性。

张量的 detype 属性表示张量中元素的数据类型。正如数组一样，一个张量只能有一种数据类型。创建张量时，一般默认的数据类型是 int32，即一个 32 位的整形数据。创建张量时，也可以指定 detype 属性，参见代码 3-3。

代码 3-3

```
# 2阶张量
t1 = tf.constant([[1, 2], [3, 4]])
# 指定数据类型为 float 的 2阶张量
t2 = tf.constant([[1, 2], [3, 4]], dtype=tf.float32)
print('t1 = ', t1)
print('t2 = ', t2)
```

输出为：

```
t1 =  tf.Tensor([[1 2] [3 4]], shape=(2, 2), dtype=int32)
t2 =  tf.Tensor( [[1.0 2.0] [3.0 4.0]], shape=(2, 2), dtype=float32)
```

可以发现，张量 t2 的数据类型为 float 类型。

shape 属性。

张量的 shape 属性表示的是张量中每个维度的大小。数据类型是一个 list。例如，在上面的讲解中，创建了一个 2 阶的张量 t2，3 阶的张量 t3，它们的 shape 属性输出参见代码 3-4。

代码 3-4

```
# 2阶张量
x2 = tf.constant([[1, 2, 3], [3, 4, 5]])
# 输出shape
print('x2.shape = ', x2.shape)
```

输出结果为：

```
x2 shape =  (2, 3)
```

这里，x2 的 shape 为(2,3)。张量 x2 是一个 2 阶张量，并且第一维大小为 2，第二维大小为 3。按二维数组来说，就是一个 2 行 3 列数组。

size 属性。

张量的 size 属性表示张量中所有元素的个数。tf.tensor 自身并不带 size 属性。不过我们可以使用 tf.size()函数，将张量传入来获得 size，参见代码 3-5。

代码 3-5

```
# 3阶张量
x3 = tf.constant([[[1, 2, 3], [4, 5, 6]], [[7, 8, 9], [10, 11, 12]]])
# 将张量传入 tf.size函数 获得 size
x3_size = tf.size(x3)
```

输出结果为：

```
x3_size =  tf.Tensor(12, shape=(), dtype=int32)
```

4. 张量的操作

索引（Indexing）。

索引指取张量中单个元素或者多个元素，也称为切片（slice）操作。索引操作可以返回多种数据类型，可以是一个数，一个 list，一个矩阵，也可以是另一个张量。

TensorFlow 中张量的索引，语法与 Python 和 Numpy 中的索引非常相似。

（1）索引的开始坐标是从 0 开始的，而不是从 1 开始的。

（2）负数索引-n，表示从对应目标的尾部开始计算，例如，-3 表示取倒数第三个元素。

（3）操作[start:end]表示分片，例如，如果目标 x = [0,1,2,3,4,5,6]，那么 x[1:4]表示取[1,4)左闭右开区间的元素，结果是[1,2,3]。

（4）操作[start:end:step]表示带步进的切片。例如，如果目标 x = [0,1,2,3,4,5,6,7,8,9]，取索引 x[1:8:3]，表示从 1 开始到 8 结束（不包括 8），每隔 3 个元素取一个，结果是[1,4,7]。

（5）逗号“,”表示取更深维度的元素。例如，目标 x = [[0,1,2],[3,4,5]]，那么 x[1,2]表示取第 1 列的第 2 个元素，也就是 5。值得注意的是，Python 的数组并没有这样的语法，这是 TensorFlow 和 Numpy 才支持的。

接下来，使用代码可以具体看看索引做的操作。输出时，为了可读性更好，把 Tensor 对象转换成 Numpy 对象，这只是为了改变显示内容，并不会修改数据的值。

上述规则（1）～（4）演示见代码 3-6。

代码 3-6

```
t1 = tf.constant([0,1,2,3,4,5,6,7,8,9])
print('first =', t1[0].numpy())
print('third to last =', t1[-3].numpy())
print('2 to -3 =', t1[2:-3].numpy())
print('2 to -3 with step 2 =', t1[2:-3:2].numpy())
```

输出为：

```
first = 0
third to last = 7
2 to -3 = [2 3 4 5 6]
2 to -3 with step 2 = [2 4 6]
```

需要再次提醒的是，使用“:”进行切片操作时，是不包含 end 元素的。

规则（5）演示代码参见代码 3-7。

代码 3-7

```
t3 = tf.constant([[[1, 2, 3], [4, 5, 6]], [[7, 8, 9], [10, 11, 12]]])
```

```
print('t3[0] = ', t3[1].numpy())
print('t3[0,1] = ', t3[1,0].numpy())
print('t3[0,1,2] = ', t3[1,0,2].numpy())
```

输出为：

```
t3[0] = [[ 7  8  9] [10 11 12]]
t3[0,1] = [7 8 9]
t3[0,1,2] = 9
```

可以从输出看到，如果将 t3 看作一个立方体，那么 t3[0]将立方体底层平面进行输出，t3[0,1]输出了该平面的一条边，t3[0,1,2]输出了该边上的一个点。

维度变换。

维度变换指的是改变张量的形状，增加、减少或交换张量的维度。

其中，tf.reshape 可以在不改变张量元素的顺序和个数的前提下，修改张量的形状，具体代码示例参见代码 3-8。

代码 3-8

```
t1 = tf.constant([[1,2,3],[4,5,6]])
print('t1 : ', t1.shape)
print(t1.numpy())
t2 = tf.reshape(t1, [3,2])
print('t2 : ',t2.shape)
print(t2.numpy())
```

对应的输出为：

```
t1 :  (2, 3)
[[1 2 3]
 [4 5 6]]
t2 :  (3, 2)
[[1 2]
 [3 4]
 [5 6]]
```

原张量的形状是[2,3]，是一个 2 行 3 列的矩阵。经过 reshape 函数后，形状被变换为[3,2]，也就是变换为 3 行 2 列的矩阵。注意矩阵的元素顺序与个数都没有被修改，是不能被修改的。例如，如果将变换代码修改为 2 = tf.reshape(t1, [4,5])，那么代码就会运算报错。

增加与减少张量维度的 API 分别是 tf.expand_dims 与 tf.squeeze。注意，这里张量是不可以修改的，所以这里的增加与减少是会生成一个新的张量返回，见代码 3-9。

代码 3-9

```
t1 = tf.constant([[1, 2], [3, 4]])
print('t1 = ', t1)
t2 = tf.expand_dims(t1, axis=0)
print('t2 = ', t2)
```

对应的输出如下，可以看到维度增加了。

```
t1 = tf.Tensor(
[[1 2]
 [3 4]], shape=(2, 2), dtype=int32)
t2 = tf.Tensor(
[[[1 2]
  [3 4]]], shape=(1, 2, 2), dtype=int32)
```

5. 张量的计算

TensorFlow 对张量提供了丰富的运算支持，可以将运算分为两类：一类是加、减、乘、除等基础数学运算；另一类是指数、对数、逻辑操作等需要函数支持的运算。值得注意的是，这些操作都是针对张量中的每个元素进行操作的，大部分都要求两个张量的维度是一样的。

数学运算。

基础的数学运算，包括加、减、乘、除、取余、平方等，是在两个维度完全一致的张量之间进行的，是对张量中的每个元素进行逐个运算的，并生成一个新的张量，并不会改变参与运算的张量，见代码 3-10。

代码 3-10

```
a = tf.constant([[1,2],[3,4,5]])
b = tf.constant([[5,6],[7,8]])
sum = a+b
sub = a-b
```

```
mul = a*b
div = a/b
print('sum = ', sum)
print('sub = ', sub)
print('mul = ', mul)
print('div = ', div)
```

对应的输出如下：

```
sum =  tf.Tensor(
[[ 6  8]
 [10 12]], shape=(2, 2), dtype=int32)
sub =  tf.Tensor(
[[-4 -4]
 [-4 -4]], shape=(2, 2), dtype=int32)
mul =  tf.Tensor(
[[ 5 12]
 [21 32]], shape=(2, 2), dtype=int32)
div =  tf.Tensor(
[[0.2   0.333]
 [0.428 0.5  ]], shape=(2, 2), dtype=float64)
```

如果强行让两个不同维度大小的张量进行运算，会抛出 Can't convert non-rectangular Python sequence to Tensor 的异常。

函数运算。

函数运算指的是，对张量中的每个元素逐个进行对应的函数运算。例如，平方，取最大值，最小值等，见代码 3-11。

代码 3-11

```
t1 = tf.constant([[1.,2.],[8.,9.]])
t2 = tf.constant([[3.,4.],[7.,8.]])
# 取函数值开方
t3 = tf.sqrt(t1)
print("t3 = ", t3)
# 通过运算符重载，判断每一位是否大于2，大于的取True，否则取Flase
t4 = (t1 > 2)
print("t4 = ", t4)
```

```
# 取两个张量中，对应位置较小的数作为值
t5 = tf.minimum(t1,t2)
print("t5 = ", t5)
```

对应的输出为：

```
t3 =  tf.Tensor(
[[1.        1.4142135]
 [2.828427  3.       ]], shape=(2, 2), dtype=float32)
t4 =  tf.Tensor(
[[False  True]
 [ True  True]], shape=(2, 2), dtype=bool)
t5 =  tf.Tensor(
[[3. 4.]
 [8. 9.]], shape=(2, 2), dtype=float32)
```

张量的降维操作。

在 TensorFlow 中，可以通过 reduce 系列函数使用降维操作。使用时，可以通过指定 axis 确定轴，例如，对二维张量的 reduce_sum 操作时，axis 函数的具体含义如图 3-6 所示。axis=*n*，可以形象通过中括号[]在第几层来判断。

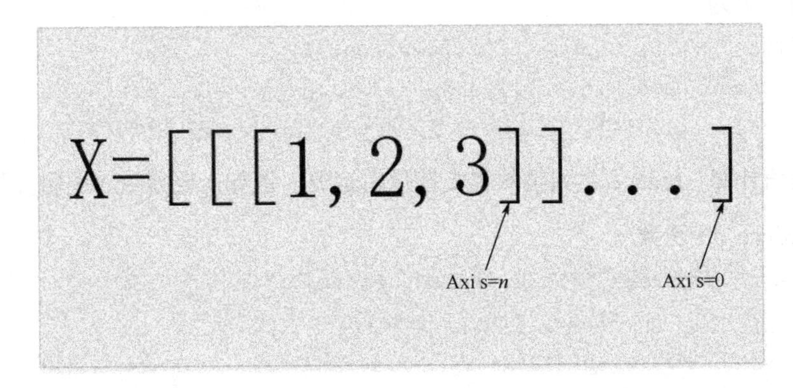

图 3-6 axis 图解

通过计算最大值来进行降维操作，可以使用 reduce_max 函数，见代码 3-12。

代码 3-12

```
t1 = tf.constant([[1., 2., 3.],
```

```
                    [4., 5., 6.]])
# 不指定axis，则降维为一个标量
print(tf.reduce_max(t1))
# 设置keepdims为True，表示保持原维度数不变
print(tf.reduce_max(t1,keepdims=True))
# 指定axis为0，表示在0轴方向上进行降维
print(tf.reduce_max(t1,axis=0))
# 指定axis为1，表示在1轴方向上进行降维
print(tf.reduce_max(t1,axis=1))
```

对应的输出为：

```
tf.Tensor(6., shape=(), dtype=int32)
tf.Tensor([[6.]], shape=(1, 1), dtype=int32)
tf.Tensor([4. 5. 6.], shape=(3,), dtype=int32)
tf.Tensor([3. 6.], shape=(2,), dtype=int32)
```

通过计算平均值来进行降维操作，可以使用 reduce_mean 函数：

```
print(tf.reduce_mean(t1))
print(tf.reduce_mean(t1,0))
print(tf.reduce_mean(t1,1))
```

对应的输出为：

```
tf.Tensor(3.5, shape=(), dtype=float32)
tf.Tensor([2.5 3.5 4.5], shape=(3,), dtype=float32)
tf.Tensor([2. 5.], shape=(2,), dtype=float32)
```

除了数值计算，reduce 系列函数也支持逻辑运算。例如，要通过“逻辑并”来降维，可以通过 reduce_all 函数：

```
t1 = tf.constant([[True, False, False],
                 [True, True,  True]])
print(tf.reduce_any(t1))
print(tf.reduce_any(t1,0))
print(tf.reduce_any(t1,1))
```

对应的输出为：

```
tf.Tensor(True, shape=(), dtype=bool)
tf.Tensor([ True  True  True], shape=(3,), dtype=bool)
tf.Tensor([ True  True], shape=(2,), dtype=bool)
```

除了上述操作，reduce 系列函数还有：对张量指定维度最小值进行降维的 reduce_min 函数；对张量指定维度求和进行降维的 reduce_sum；对张量指定维度求乘积进行降维的 reduce_prod 函数；对张量指定维度进行逻辑或进行降维的 reduce_any 函数等。

张量的矩阵运算。

二阶张量可以看作一个矩阵。数学上针对矩阵有非常多的数学运算，如矩阵乘法、转置、特征值等。在深度学习中，会频繁地使用矩阵，TensorFlow 对此进行了较好的支持。

常见矩阵的操作包括矩阵乘法和矩阵的转置。矩阵的乘法可以通过 matmul 函数，以及重载的运算符@来完成，而矩阵取逆可以通过 transpose 函数完成，见代码 3-13。

代码 3-13

```
t1 = tf.constant([[1,2],[3,4]])
t2 = tf.constant([[5,6],[7,8]])
# 矩阵乘法
print(tf.matmul(t1,t2))
print(t1@t2)
# 矩阵转置
print(tf.transpose(t1))
```

对应的输出为：

```
tf.Tensor(
[[19 22]
 [43 50]], shape=(2, 2), dtype =int32)
tf.Tensor(
[[19 22]
 [43 50]], shape=(2, 2), dtype=int32)
tf.Tensor(
[[1 3]
 [2 4]], shape=(2, 2), dtype=int32)
```

对于矩阵的特殊操作，如矩阵逆、范数、特征值等，可以通过 linalg（线性代数）函数包来完成，举例如下，见代码 3-14。

代码 3-14

```
t1 = tf.constant([[1,2],[3,4]],dtype = tf.float32)
# 求矩阵的逆矩阵，注意原矩阵的数据类型需要为tf.float或tf.double
print(tf.linalg.inv(t1))
# 求矩阵的行列式
print( tf.linalg.det(t1))
# 求矩阵的特征值
print( tf.linalg.eigvalsh(t1))
```

对应输出为：

```
tf.Tensor(
[[-2.0000002   1.0000001 ]
 [ 1.5000001  -0.50000006]], shape=(2, 2), dtype=float32)
tf.Tensor(-2.0, shape=(), dtype=float32)
tf.Tensor([-0.8541021  5.854102 ], shape=(2,), dtype=float32)
```

其余常见运算还有：使用 tf.linalg.trace 计算矩阵的迹；使用 tf.linalg.norman 计算矩阵的范数；使用 tf.linalg.qr 对矩阵进行 QR 分解；使用 tf.linalg.svd 对矩阵进行 svd 分解等。

6．张量的广播

大部分的张量计算，如加法、乘法等，都需要张量的操作是形状相互匹配的。例如，试图进行如下的计算就会抛出异常，见代码 3-15。

代码 3-15

```
t1 = tf.constant([[1,2],[3,4],[5, 6]])
t2 = tf.constant([[1,2,3],[4,5,6]])
# 警告，如下操作会抛出异常报错
print(t1+t2)
```

但是，当参与运算的张量满足一定条件时，TensorFlow 的广播功能就会发挥作用。广播机制会隐式地将较小的张量从单独维度方向进行填充，来满足张量之间计算的形状要求。

具体而言，如果张量之间满足如下要求，就称两个张量是相容的，就可以触发广播机制：

两个张量的维度，从后向前进行对比，有一些维度大小不等，但其中一个维度为1。

举个例子，两个张量的加法，应该是按位逐个进行相加的，所以张量的形状不同，应该是无法进行相加的，但这种情况下满足一个维度为1的条件，t2就会进行扩展以满足张量加法的条件，参见代码3-16。

代码3-16

```
t1 = tf.ones((3,2,2))
print(t1)
t2 = tf.ones((2,2))
print(t2)
print((t1+t2))
```

对应的输出为：

```
t1 =  tf.Tensor(
[[[1. 1.]
  [1. 1.]]

 [[1. 1.]
  [1. 1.]]

 [[1. 1.]
  [1. 1.]]], shape=(3, 2, 2), dtype=float32)
t2 =  tf.Tensor(
[[1. 1.]
 [1. 1.]], shape=(2, 2), dtype=float32)
t1 + t2 =  tf.Tensor(
[[[2. 2.]
  [2. 2.]]

 [[2. 2.]
  [2. 2.]]

 [[2. 2.]
  [2. 2.]]], shape=(3, 2, 2), dtype=float32)
```

再举一个例子，尽管从后往前看，张量的维度大小不一样，但是不相同的阶，其中某个张量的维度为 1，这也满足广播机制，参见代码 3-17。

代码 3-17

```
t1 = tf.ones((3,2,1))
print('t1 = ', t1)
t2 = tf.ones((1,2))
print('t2 = ', t2)
print('t1 + t2 = ', (t1+t2))
```

对应的输出为：

```
t1 =  tf.Tensor(
[[[1.]
  [1.]]

 [[1.]
  [1.]]

 [[1.]
  [1.]]], shape=(3, 2, 1), dtype=float32)
t2 = tf.Tensor([[1. 1.]], shape=(1, 2), dtype=float32)
t1 + t2 = tf.Tensor(
[[[2. 2.]
  [2. 2.]]

 [[2. 2.]
  [2. 2.]]

 [[2. 2.]
  [2. 2.]]], shape=(3, 2, 2), dtype=float32)
```

3.2.2 变量

变量可以认为是“可修改的张量”。如果张量是无法修改的，则对张量进行加法运算，会用结果创建一个新的张量对象。如果需要使用“可修改张量”，则需要使用 TensorFlow

变量。与张量对象 tf.Tensor 相比，TensorFlow 的变量对象 tf.Variable 最大的特色就是对其进行修改。变量可以用来存储模型中的可调参数，因为这些可调参数在训练过程中会不断修改更新。

1. 变量的定义

可以使用 tf.Variable()函数来创建 tf.Variable 对象，tf.Variable()函数可以接受各种类型的数据作为参数，例如整型、浮点型、列表、张量等，参见代码 3-18。

代码 3-18

```
# 使用整型初始化变量
var1 = tf.Variable(1)
# 使用浮点型初始化变量
var2 = tf.Variable(2.)
# 使用列表初始化变量
var3 = tf.Variable([1,2,3])
# 使用张量初始化变量
var4 = tf.Variable(tf.constant([[1, 2], [3, 4]]))
print('var1 = ', var1)
print('var2 = ', var2)
print('var3 = ', var3)
print('var4 = ', var4)
```

对应的输出为：

```
var1 = <tf.Variable 'Variable:0' shape=() dtype=int32, numpy=1>
var2 = <tf.Variable 'Variable:0' shape=() dtype=float32, numpy=2.0>
var3 = <tf.Variable 'Variable:0' shape=(3,) dtype=int32,
numpy=array([1, 2, 3])>
var4 = <tf.Variable 'Variable:0' shape=(2, 2) dtype=int32, numpy=
array([[1, 2],
       [3, 4]])>
```

2. 变量的运算与操作

张量可以参加操作与运算，如索引、常规数学运算、函数运算、reduce 系列函数、矩阵系列函数等。变量也可以参加，规则与张量相同，这里就不一一列出，可以参考张量的运算部分。

3. 变量的更新

变量最重要的特点，就是可以通过 tf.assign()系列函数给变量赋值。通过赋值，可以在不创建新对象的情况下更新变量的值。这在需要频繁更新值的场景下具有很大的优势，参见代码 3-19。

代码 3-19

```
var1 = tf.Variable(tf.constant([[0,0], [0,0]]))
var1.assign(([1,2],[3,4]))
print('setp1 = ', var1)
var1.assign_add(([1,1],[1,1]))
print('setp2 = ', var1)
```

对应的输出为：

```
setp1 =  <tf.Variable 'Variable:0' shape=(2, 2) dtype=int32, numpy=
array([[1, 2],
       [3, 4]])>
setp2 =  <tf.Variable 'Variable:0' shape=(2, 2) dtype=int32, numpy=
array([[2, 3],
       [4, 5]])>
```

3.2.3 计算图

这一节将介绍 TensorFlow 核心关键（张量+计算图）中的计算图。计算图是深度学习中重要的基础概念，也是 TensorFlow 中的基础运算规则。计算图由两部分组成：节点（nodes）与连线（edges）。节点表示一个变量或者结果，线则表示节点之间的运算关系，如图 3-7 所示。

通过计算图来进行计算，不仅可以使得运算表达式更简洁，还可以更容易地进行并行运算。最重要的是，在神经网络更新过程中，会频繁地进行微分运算，通过计算图可以极大地加快运算速度。

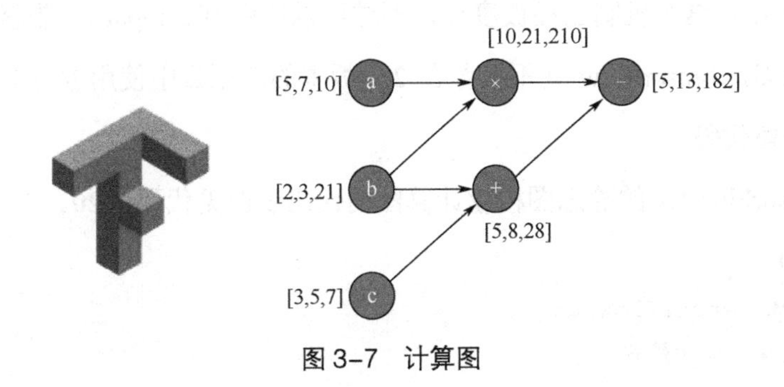

图 3-7　计算图

TensorFlow 中的计算图分为两类：静态图与动态图。其中，静态图的运行效率高，但是使用时不方便；动态图使用时方便，但运行效率比静态图较差。在 TensorFlow1.x 中只能使用静态图。编写代码时，需要先定义会话，然后在会话中执行计算图。到 TensorFlow2.x 中，则默认启用了 Eager Excution 机制的动态图，编写的计算图如同普通程序一样，可以立即执行，同时为了平衡运行效率，额外支持了 Autograph 机制，将满足条件的动态图使用语法@tf.fucation 转换为静态图。

下面我们以构建计算图计算 $z = (a + b) * y$ 为例，给出三种不同的计算图示例，如图 3-8 所示。

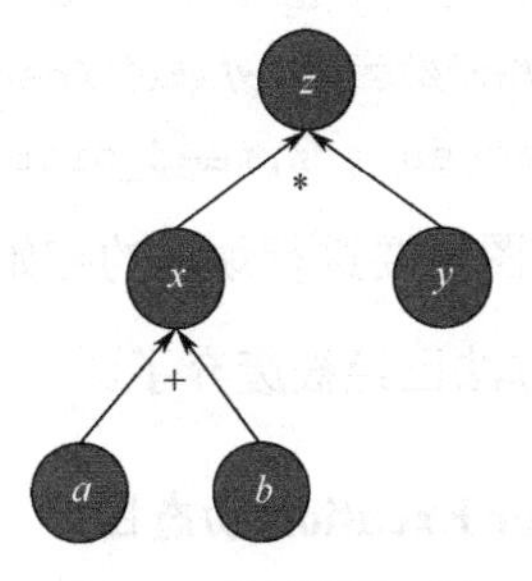

图 3-8　计算图示例

1. TensorFlow1.x 中的静态图

在 TensorFlow1.x 中，要执行一次计算图，先需要创建一个 Graph 对象，搭建好节点与边，然后还需要启动一个 Session，在 Session 中执行 Graph 对象，过程非常烦琐。在 TensorFlow2.x 中，这个机制已经被废弃，不过可以使用 tf.compat.v1 兼容包来强行使用这个模式。当然，TensorFlow 并不推荐在 2.x 版本的新项目中使用静态图，支持机制只是为了兼容遗留代码。

使用 TensorFlow1.x 的静态图构建计算图的代码示例见代码 3-20。

代码 3-20

```
import tensorflow as tf
# 先创建一个计算图
g = tf.compat.v1.Graph()
# 对计算图进行初始化
with g.as_default():
    # 待输入的节点需要使用placeholder占位符进行初始化
    a = tf.compat.v1.placeholder(name='a',dtype=tf.int32)
    b = tf.compat.v1.placeholder(name='b',dtype=tf.int32)
    # 中间的计算节点
    x = tf.add(a,b)
    y = tf.compat.v1.placeholder(name='y',dtype=tf.int32)
    # 最后的结果
    z = tf.multiply(x,y)
# 计算图初始化好后，是没有运行的，需要先将其加入到一个会话中
with tf.compat.v1.Session(graph = g) as sess:
    # 启动会话，此时计算图开始运行，并通过 feed_dict 向占位符赋值
    print(sess.run(fetches = z,feed_dict = {a:1,b:2,y:3})) # 输出为9
```

可以看到，简单的一个计算图需要进行烦琐的初始化，并且调试也比较麻烦，所以在 TensorFlow2.x 版本中，这种方法已经被废弃了。

2. TensorFlow2.x 中的 Eager Excution 动态图

在 TensorFlow2.x 中，默认就以 Eager Excution 动态图的机制运行，无须额外的代码配置，示例代码 3-21 如下。

代码 3-21

```
import tensorflow as tf
```

```
a = tf.constant(1)
b = tf.constant(2)
y = tf.constant(3)
z = (a + b) * y
print(z) # 输出为9
```

可以看到，相比 TensorFlow1.x，TensorFlow2.x 的 Eager Excution 动态图使得编写计算图代码就如同普通编程一样流程简单，编写的代码与计算会被立即执行，这也是 Eager Excution 的名称由来。立即执行使得代码可以被单步调试，思维模式也可以从烦琐的会话机制解放出来，极大地提高了调整模型的效率。

3. TensorFlow2.x 中的 AutoGraph 机制

动态图具有便于编写和调试的优点，但是运行效率不如静态图。为了更好地综合比较两种计算图的优点，TensorFlow2.x 提供了 AutoGraph 机制来辅助将动态图转换为静态图。AutoGraph 使用起来非常简单，第一步定义计算图函数，并使用@tf.funcation 进行修饰，第二步执行计算图函数即可，无须使用繁杂的 Session 机制，就如同编写普通的代码一样容易，参见代码 3-22。

代码 3-22

```
import tensorflow as tf
# 使用 @tf.function 修饰的函数将自动被转换为静态图
@tf.function
def calXYZ(va, vb, vy):
    # 函数内部的代码无须额外的配置
    a = tf.constant(va)
    b = tf.constant(vb)
    y = tf.constant(vy)
    z = (a + b) * y
    return z
print(calXYZ(1,2,3)) # 输出为9
```

这样编写静态图代码非常容易，所以，TensorFlow 官方推荐调整模型与调试代码时，使用动态图机制，加快调试效率。在需要提高性能的场景，则利用@tf.function 修饰符使用 AutoGraph 机制，将动态图转换为静态图以提高效率。当然，@tf.function 修饰符的使用也有一些规范，例如函数内部应该使用 tf 开头的 TensorFlow 函数，而不是 Python 标准函数，不修改外部容器类变量，不在内部定义变量对象 tf.Variable 等。

3.3 基于 TensorFlow 的深度学习建模

深度学习最重要的是建模。这里的建模指的是构建学习需要使用的神经网络模型。使用 TensorFlow 建模有两种思路：一种是利用张量与计算图，自行构建整个模型；但更常用的是，直接利用 tensorflow.keras 接口提供的高层 API 来构建模型，这种方式更加便捷与实用。Keras 提供的 API 包含大部分常用的网络层模型、损失函数、激活函数等。有了这些 API，就可以把精力主要放在模型调优，而不是基础功能的实现上。同时，TensorFlow 也支持通过继承的方式来自定义网络结构与函数。

建模的过程大致可以分为数据处理、模型搭建、训练模型、模型保存几个大步骤。接下来会以泰坦尼克号幸存者数据集为例，一步一步进行神经网络建模。接下来，这部分内容接触的新概念会比较多，原因是因为 TensorFlow 提供的功能非常强大，非常多的地方都有可替换的选择。当有新概念出现时，本书会进行通俗化讲解，读者可以先不用深究，等待对整个建模过程有一个比较完整的了解后，再针对需要的部分进行深入了解。

3.3.1 建模目的

任何建模首先需要确定目标是什么。在本节的案例中，目标是预测泰坦尼克号撞击冰山沉没时，每名乘客生还的可能性。

泰坦尼克号数据集记录了乘客的详细资料，以及乘客在泰坦尼克号撞击冰山沉没后，是否生还的数据，由最大的数据挖掘竞赛组织者 Kaggle 整理。将这些数据分成训练集与测试集，使用训练集对模型进行训练后，对测试集进行测试，模型会根据乘客的年龄、性别、舱位等信息来预测乘客生还的可能性。

3.3.2 数据处理

确定了目标后，接下来是对数据处理。这部分非常重要，甚至可以认为大量的有效数据优于设计巧妙的模型，因为数据量越大，模型在训练过程中，得到的误差反馈就越准确，调整出来的权重值就更贴近真实情况。首先，需要获取数据，然后观察数据的组成，确定哪些数据中的哪些属性有用，部分情况下还需要对数据的原始格式进行处理、清洗，以便模型可以更好地使用数据。

3.3.2.1 数据获取

单击 Kaggle 的 titanic 项目网址 https://www.kaggle.com/c/titanic/data，可以在如下位置下载数据文件。如果没有账号，可以使用邮箱注册，如图 3-9 所示。

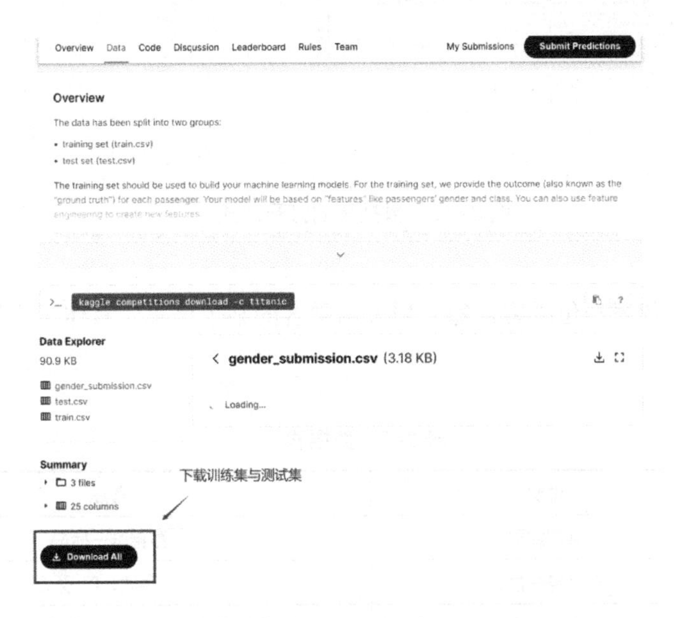

图 3-9　下载数据文件

数据集共有 3 个文件：train.csv，test.csv，gender_submission.csv，分别是训练集、测试集、结果提交示例。这里模型搭建需要的是 train.csv 和 test.csv，将这两个文件复制到工程目录下。

3.3.2.2 数据观察

数据集与测试集均是 csv（comma-Separated Value）格式。这种格式其实就是普通的文本文件，可以用记事本，Excel 打开，特点是每一行就是一条数据，每条数据多个的值使用逗号，分号或者制表符隔开。

分别以文本软件与 Excel 打开 train.csv 文件，内容如图 3-10 所示。

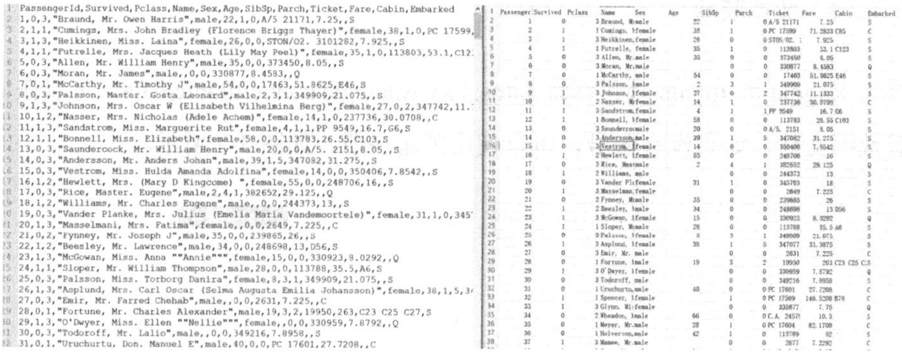

```
PassengerId,Survived,Pclass,Name,Sex,Age,SibSp,Parch,Ticket,Fare,Cabin,Embarked
1,0,3,"Braund, Mr. Owen Harris",male,22,1,0,A/5 21171,7.25,,S
2,1,1,"Cumings, Mrs. John Bradley (Florence Briggs Thayer)",female,38,1,0,PC 17599,
3,1,3,"Heikkinen, Miss. Laina",female,26,0,0,STON/O2. 3101282,7.925,,S
4,1,1,"Futrelle, Mrs. Jacques Heath (Lily May Peel)",female,35,1,0,113803,53.1,C12
5,0,3,"Allen, Mr. William Henry",male,35,0,0,373450,8.05,,S
6,0,3,"Moran, Mr. James",male,,0,0,330877,8.4583,,Q
7,0,1,"McCarthy, Mr. Timothy J",male,54,0,0,17463,51.8625,E46,S
8,0,3,"Palsson, Master. Gosta Leonard",male,2,3,1,349909,21.075,,S
9,1,3,"Johnson, Mrs. Oscar W (Elisabeth Vilhelmina Berg)",female,27,0,2,347742,11.
10,1,2,"Nasser, Mrs. Nicholas (Adele Achem)",female,14,1,0,237736,30.0708,,C
11,1,3,"Sandstrom, Miss. Marguerite Rut",female,4,1,1,PP 9549,16.7,G6,S
12,1,1,"Bonnell, Miss. Elizabeth",female,58,0,0,113783,26.55,C103,S
13,0,3,"Saundercock, Mr. William Henry",male,20,0,0,A/5. 2151,8.05,,S
14,0,3,"Andersson, Mr. Anders Johan",male,39,1,5,347082,31.275,,S
15,0,3,"Vestrom, Miss. Hulda Amanda Adolfina",female,14,0,0,350406,7.8542,,S
16,1,2,"Hewlett, Mrs. (Mary D Kingcome) ",female,55,0,0,248706,16,,S
17,0,3,"Rice, Master. Eugene",male,2,4,1,382652,29.125,,Q
18,1,2,"Williams, Mr. Charles Eugene",male,,0,0,244373,13,,S
19,0,3,"Vander Planke, Mrs. Julius (Emelia Maria Vandemoortele)",female,31,1,0,345
20,1,3,"Masselmani, Mrs. Fatima",female,,0,0,2649,7.225,,C
21,0,2,"Fynney, Mr. Joseph J",male,35,0,0,239865,26,,S
22,1,2,"Beesley, Mr. Lawrence",male,34,0,0,248698,13,D56,S
23,1,3,"McGowan, Miss. Anna ""Annie""",female,15,0,0,330923,8.0292,,Q
24,1,1,"Sloper, Mr. William Thompson",male,28,0,0,113788,35.5,A6,S
25,0,3,"Palsson, Miss. Torborg Danira",female,8,3,1,349909,21.075,,S
26,1,3,"Asplund, Mrs. Carl Oscar (Selma Augusta Emilia Johansson)",female,38,1,5,3
27,0,3,"Emir, Mr. Farred Chehab",male,,0,0,2631,7.225,,C
28,0,1,"Fortune, Mr. Charles Alexander",male,19,3,2,19950,263,C23 C25 C27,S
29,1,3,"O'Dwyer, Miss. Ellen ""Nellie""",female,,0,0,330959,7.8792,,Q
30,0,3,"Todoroff, Mr. Lalio",male,,0,0,349216,7.8958,,S
31,0,1,"Uruchurtu, Don. Manuel E",male,40,0,0,PC 17601,27.7208,,C
```

图 3-10　数据集的打开方式

数据的每一行代表一位乘客，每一列表示乘客的某个信息，具体对应信息如表 3-2 所示。

表 3-2　数据表

数据名	说明	备注
PassengerId	乘客编号	数据唯一标识
Survived	最终是否存活	1：存活，0：死亡
Pclass	乘客等级	所在仓位等级，1 最高，大致反应乘客经济地位
Name	姓名	乘客的名字

续表

数据名	说明	备注
Sex	乘客性别	male：男性；female：女性
Age	乘客年龄	部分数据有缺失
SibSp	兄弟、配偶个数	乘客同船的亲友数
Parch	父母、孩子的个数	乘客同船的血亲数
Ticket	票号	船票号码
Fare	乘客船票的价格	英镑
Cabin	船舱	所在的船舱编号
Embarked	从哪里上船	三个地方：C——瑟堡；Q——昆士敦；S——南安普敦

上面两个文件中，train.csv 是训练集，包含 Survived 属性，使用训练集进行模型训练，就可以知道神经网络的效果；test.csv 是测试集，这个数据集没有 Survived 属性，需要经过训练的神经网络进行预测。

接下来使用 numpy、pandas 数学分析包，辅助我们完成数据的处理。读者可以先不对此做过多深入理解，在使用过程中会对调用部分的代码进行详尽注释，读取数据的代码如下所示。

```
import tensorflow as tf
import numpy as np
import pandas as pd

# 训练集与数据集文件地址，可能需要根据您的数据文件位置进行修改
TRAIN_DATA_PATH = './train.csv'
TEST_DATA_PATH = './test.csv'
# 利用 pandas 读取数据，返回的是一个 DataFrame 对象，可以看作一个表格
dftrain_raw = pd.read_csv(TRAIN_DATA_PATH)
dftest_raw = pd.read_csv(TEST_DATA_PATH)
# 取前5个数据
print(dftrain_raw.head(5))
```

输出为：

```
   PassengerId  Survived  Pclass  ...     Fare Cabin  Embarked
```

```
   0          1        0       3  ...    7.2500   NaN         S
   1          2        1       1  ...   71.2833   C85         C
   2          3        1       3  ...    7.9250   NaN         S
   3          4        1       1  ...   53.1000  C123         S
   4          5        0       3  ...    8.0500   NaN         S

   [5 rows x 12 columns]
```

可以看到，pandas 读取数据返回的 DataFrame 对象，以表格的形式组织数据，这使得 pandas 非常适合处理这类结构化数据，pandas 也支持对表格的各种计算，这里不作详细介绍。

➢ 探索性数据分析。

探索性数据分析（EDA Exploratory Data Analysis），指的是使用图形或者数学方法分析数据中特征，找到数据中哪些数据重要，哪些数据可以使用，哪些数据无法使用。

例如，图 3-11 可以观察数据中性别和年龄的分布，这里使用了 matplot 库进行绘图，本书的重点不在于如何绘图，所以不在这里给出具体的绘图代码。

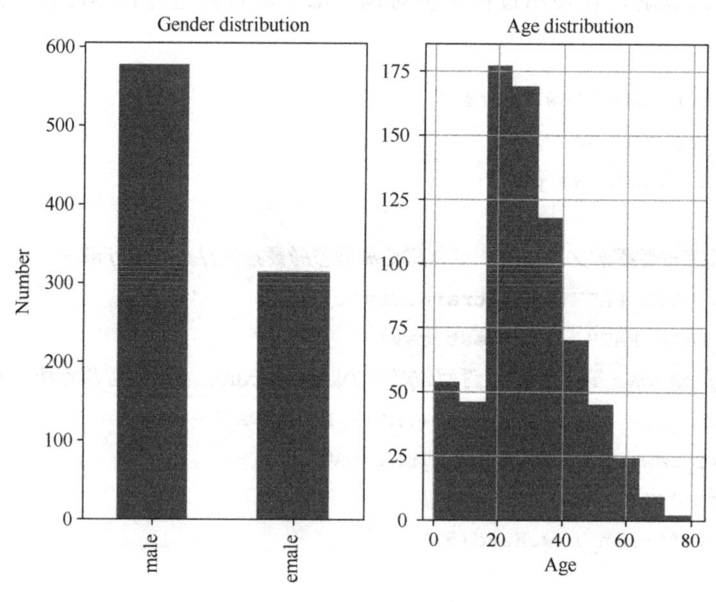

图 3–11　性别和年龄分布

可以看到乘客中，男性较多，年龄大多集中在 20 岁到 40 岁，但是有较多的是 0 岁。于是再取数据观察，发现年龄信息中有较多的字段缺失，导致被统计为 0 岁。这种情况就需要在接下来的数据预处理中，对年龄字段进行缺失值补充。

接下来，对 Cabin（仓位）属性进行分析，如图 3-12 所示。

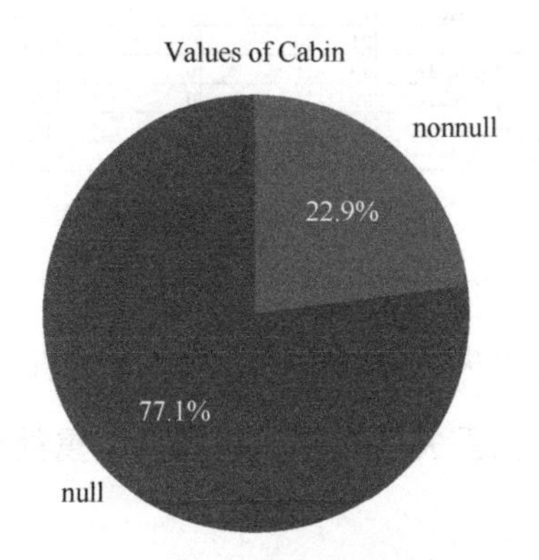

图 3–12　Cabin 属性缺失值数据量占比

可以看到，Cabin 属性中，缺失的属性占到整个数据集大小的 77.1%。这种情况就很难进行缺失值填充了，在后续的分析过程中，可以省略掉这个属性。

除了以上分析的这几点，还可以对 Age 属性进行等级划分、Fare 属性归一化处理等，在这里不进行介绍，可以通过 EDA 为后续的模型搭建与训练模型提供极大帮助。

3.3.2.3　数据预处理

分析好数据的特征后，需要对数据进行预处理，方便后续的模型使用，有句经典的俗语“数据挖掘的 80%时间都花在了数据预处理上”。常见的数据预处理包括数据格式转换、缺失的数据处理、特征编码、属性筛选等。

1. 缺失值处理

数据集一般都不是完整的，部分字段会有缺失，例如在本例中，Age 与 Cabin 字段具有数据缺失的情况，如图 3-13 所示。

PassengerId	Survived	Pclass	Name	Sex	Age	SibSp	Parch	Ticket	Fare	Cabin	Embarked
40	1	3	Nicola-Ya	female	14	1	0	2651	11.2417		C
41	0	3	Ahlin, Mr	female	40	1	0	7546	9.475		S
42	0	2	Turpin, M	female	27	1	0	11668	21		S
43	0	3	Kraeff, M	male		0	0	349253	7.8958		C
44	1	2	Laroche,	female	3	1	2	SC/Paris 2123	41.5792		C
45	1	3	Devaney,	female	19	0	0	330958	7.8792		Q
46	0	3	Rogers, M	male		0	0	S.C./A.4. 2356	8.05		S
47	0	3	Lennon, M	male		1	0	370371	15.5		Q
48	1	3	O'Driscol	female		0	0	14311	7.75		Q
49	0	3	Samaan, M	male		2	0	2662	21.6792		C
50	0	3	Arnold-Fr	female	18	1	0	349237	17.8		S
51	0	3	Panula, M	male	7	4	1	3101295	39.6875		S
52	0	3	Nosworthy,	male	21	0	0	A/4. 39886	7.8		S
53	1	1	Harper, M	female	49	1	0	PC 17572	76.7292	D33	C
54	1	2	Faunthorpe	female	29	1	0	2926	26		S
55	0	1	Ostby, Mr.	male	65	0	1	113509	61.9792	B30	C
56	1	1	Woolner,	male		0	0	19947	35.5	C52	S

图 3-13 缺失值处理

缺失值的类型分为随机丢失、完全随机丢失、非随机丢失。对于随机丢失的数据，可以删除缺失值。对于非随机丢失的数据，则需要慎重处理。要谨慎地对缺失值进行填充。

缺失值的处理可以大致分为三类：删除、填充与不处理。删除表示直接将有值缺失的数据删除；填充则是利用各种方式，如平均值、KNN 等方式将值填充；不处理则表示将缺失值按空或者 0 处理。

在本例中，我们使用平局值填充法，对 Age 缺失的数据进行填充，利用 Pandas 包，使用一行代码即可完成。

```
    def dataPreProcess(dfdata_in):
        # 创建一个新的DataFrame对象，用于存储清洗后的数据
        dfdata_process = pd.DataFrame()
        # Age属性处理——缺失值填充
        # dfdata_in['Age'] 表示取出 DataFram中'Age'这一列
        # .fillna() 表示对表中的空值进行填充
        # dfdata_in['Age'].mean Age这一列的平局值（不计算空值）
        dfdata_process['Age'] =
dfdata_in['Age'].fillna(dfdata_in['Age'].mean)
        # Fare属性处理 - 缺失值填充，测试集中有缺失
        dfdata_process['Fare'] =
dfdata_in['Fare].fillna(dfdata_in[Fare'].mean)
```

这里将数据预处理定义为函数 dataPreProcess，便于后续调用。

2. 特征编码

在数据集中，一部分数据的值是连续的，如船票价格、年龄、亲友数等。还有一部分数据的值是非连续的，比如，性别、登船地等。这些值大部分以类别或者字符串的形式存在于数据集中。离散的、无序的数据需要经过编码将其特征数字化。常见的编码方式就是 one-hot 编码。例如，本例中要使用到属性的 Sex（性别）与 Embarked（登船地），这是典型的需要编码的属性。

以学校学生参加运动会的统计表数据为例，其中，sport 运动一项，有 football,basketball,volleyball 三项，见表 3-3。

表 3-3　数据表

name	age	stature	sport
ming	19	176	football
hong	21	178	basketball
gang	20	172	football
lan	22	182	volleyball

那么将 sport 这个属性进行 one-hot 编码后，数据集就变成了 one-hot 编码，见表 3-4。

表 3-4　one-hot 编码

name	age	stature	football	basketball	volleyball
ming	19	176	1	0	0
hong	21	178	0	1	0
gang	20	172	1	0	0
lan	22	182	0	0	1

注意，表 3-4 中原数据 sport 属性经过 one-hot 编码后，成了三个属性，即原来 sport 属性可以取值的范围。其中，1 表示该条数据在原 sprot 属性中的取值。每条数据在 football,basketball,volleyball 三个属性中，只能有一个属性可以取 1，其他属性都只能取 0。

举个例子，经过编码后，ming 的 sport 属性原本是 football，此时就被编码为 football 属性 1，basketball 与 volleyball 是 0，sport 属性则不再使用。这样将有可能取多个值的属性转换为多列属性，其中，每个属性只能有一个取 1 的编码方式就被称为 one-hot 编码，也被称为独热码。

读者可能会有疑问，为什么不按编程习惯中的枚举值方式对 sport 进行赋值来区分不同的运动呢？例如，假设定义 football=0，basketball=1，volleyball=2，那么数据集转换见表 3-5。

表 3-5　转换表

name	age	stature	sport
ming	19	176	0
hong	21	178	1
gang	20	172	0
lan	22	182	2

表面上，按上述介绍的方式可以很好地区分三种运动，但在实际模型运算过程中，可能让神经网络产生误解。例如，因为 2 大于 0，所以 volleyball 就大于 football，又或者在取平均数运算时，由于(2+0)/2=1，于是得到(volleyball+football)/2 = basketball 这样的错误结论。

当然，离散数值的编码方式不止 one-hot 一种，具体场景需要具体分析。对 titanic 数据集中的离散特征进行 one-hot 编码是最快捷与合适的方式。属性中 Embarked 与 Sex 是需要处理的离散特征。其中，Embarked 的三种数值表示登船地点不一样，Sex 的两种数值表示性别。处理代码如下。

```
def dataPreProcess(dfdata_in):
    # ....
    # Embarked属性处理 - one-hot编码
    # get_dummies 即是pandas中对one-hot编码的支持
    # 返回值的 Embarked 会被 C,Q,S 代替
    embarked_onehot = pd.get_dummies(dftrain_raw['Embarked'])
```

```
        # 替换为 Embarked_C, Embarked_Q, Embarked_S
        embarked_onehot.columns = ['Embarked_' + str(x) for x in
embarked_onehot.columns]
        # 将one-hot编码后的DataFrame连接到dfdata_process中
        dfdata_process = pd.concat([dfdata_process, embarked_onehot],
axis=1)
    # 对Sex属性做同样的处理方法
        sex_onehot = pd.get_dummies(dftrain_raw['Sex'])
        sex_onehot.columns = ['Sex_' + str(x) for x in sex_onehot.columns]
        dfdata_process = pd.concat([dfdata_process, sex_onehot], axis=1)
```

这样处理后，数据集中原 Embarked 和 Sex 属性就转化为 one-hot 编码格式。

3. 属性筛选

目前预处理后的数据集有经过缺失值填充的 Age，经过 one-hot 编码的 Embarked、Sex，其余属性不需要经过预处理便可以使用。不过这里需要将 PassengerId、Name、Cabin 与属性筛掉，因为 Cabin 缺失值太多，而 PassengerId 与 Name 属性对结果没有影响，Survived 则需要作为预测结果的验证标准。方法很简单，不将这几个属性添加到预处理后的数据集中就可以，将 dataPreProcess 函数剩余的部分补充完整。

```
    def dataPreProcess(dfdata_in):
    # ....
    #挑选余下需要加入到预处理数据集的属性
        selected_cols = [ 'Pclass', 'SibSp', 'Parch']
        dfdata_process = pd.concat([dfdata_process,
dfdata_in[selected_cols].copy()], axis=1)
        return dfdata_process
```

接下来，对 dftrain_raw 与 dftest_raw 使用 dataPreProcess 函数进行处理，就可以得到需要的数据。

```
    dftrain_process = dataPreProcess(dftrain_raw)
    dftest_process = dataPreProcess(dftest_raw)
    #测试集需要PassengerId字段作为判断标准
    dftest_process["PassengerId"] = dftest_raw["PassengerId"]
```

将 dftrain_process 的前 5 个数据输出结果如下。

```
   Age  Embarked_C  Embarked_Q  Embarked_S  ...  Pclass  SibSp  Parch
0  22.0          0           0           1  ...       3      1      0
1  38.0          1           0           0  ...       1      1      0
2  26.0          0           0           1  ...       3      0      0
3  35.0          0           0           1  ...       1      1      0
4  35.0          0           0           1  ...       3      0      0
```

这样数据就处理完毕了，接下来介绍模型搭建。

3.3.3 模型搭建

有了数据之后，接下来的工作就是进行模型搭建，即搭建神经网络模型。在TensorFlow 中，模型搭建一般使用的是 tensorflow.keras.layers 提供的内置模型层。利用模型层可以代替烦琐的手写神经网络，使得用户可以将注意力集中在模型调优上。

常见的模型层简介如下。这几个模型层在本节中就有用到，读者需要仔细理解。

layer.Dense：最常用的全连接层，每个节点都和前面的模型层节点进行连接。

layer.Activation：激活函数层，指定某个激活函数的模型层，常接在 Dense 层后面。layer.Dense 也可以直接指定激活函数。

layer.Flatten：展平层，用于将输入层的数据压成一维数据，一般用在卷积层和全连接层之间（因为全连接层只能接收一维数据，而卷积层可以处理二维数据，即全连接层处理的是向量，而卷积层处理的是矩阵）。

其他模型在后续的卷积神经网络、循环神经网络中会进行深入讲解。

layer.Conv1D、layer.Conv2D、layer.Conv3D：一维卷积层、二维卷积层、三维卷积层，用于卷积神经网络中的图像和视频处理。

layer.RNN：循环神经网络使用的基本循环层。

在 TensorFlow 中，有非常多的方式可以将模型层堆叠为模型，常见的是使用Sequential 顺序模型与函数式 API。

Sequential 顺序模型

Sequential 适用于顺序的模型层堆叠。其中，每一层有一个输入张量与输出张量。这样说起来比较抽象，接下来让我们以实例进行讲解。

例如，我们要搭建输入层有 2 个节点、隐藏层有 3 个节点、输出层有 1 个节点的神经网络，如图 3-14 所示。

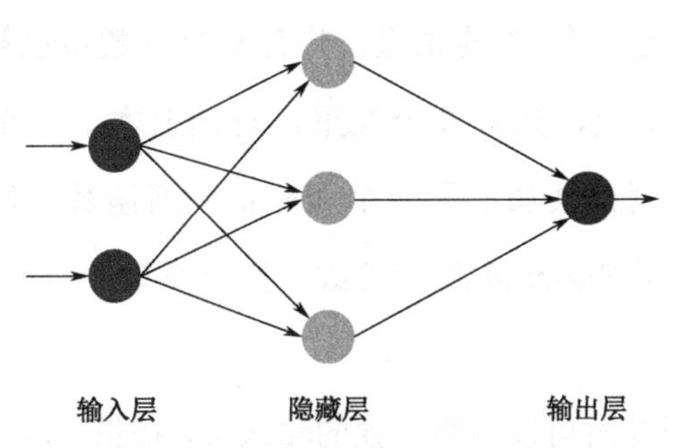

图 3-14　Sequential 顺序模型图解

接下来，我们用 tensorflow.keras 的 Sequential 进行模型搭建，步骤如下。

```
# 初始化一个Sequential模型
model = tf.keras.Sequential(name='testMole')
# 添加输入层，shape为(2,)，是一个1阶张量，注意不能写成(2)
model.add(layers.Input((2,)))
# 添加3个节点全连接层，激活函数为relu
model.add(layers.Dense(3, activation="relu"))
# 添加1个节点全连接层，激活函数为sigmoid
model.add(layers.Dense(1, activation="sigmoid"))
model.summary()
```

模型打印输出为：

```
Model: "sequential"
_________________________________________________________________
Layer (type)                 Output Shape              Param #
=================================================================
dense (Dense)                (None, 3)                 9
_________________________________________________________________
```

```
dense_1 (Dense)              (None, 1)                 4
=================================================================
Total params: 13
Trainable params: 13
Non-trainable params: 0
_________________________________________________________________
```

可以看到整个模型有两层（modle.summary 不会将输入层显示出来）。其中，第一层为全连接层，输出是一个(,3)的张量，共有 9 个参数可以被调整，这是用输入层 2 个节点乘以本层 3 个节点，共有 6 个权重，再加上本层 3 个节点的 3 个偏置变量得出的，这一层的输出则都被加上了一个 ReLu 激活函数，第二层的信息与第一层类似。只是输出时加上了 Sigmoid 激活函数。整个模型共有 13 个参数，可以被训练的参数也是 13 个参数。

在 Sequential 模型搭建时可以省略单独的输入层，在第一层指定输入的 shape，修改后的代码如下，实现功能与之前一样。

```
model = tf.keras.Sequential(name='testMole')
# 使用 input_shape= 直接指定输入层的形状，需要注意的是：
# input_shape=(2,)表示这是一个一阶张量，写成input_shape=(2)，含义将完全不同
model.add(layers.Dense(3, activation="relu", input_shape=(2,)))
model.add(layers.Dense(1, activation="sigmoid"))
model.summary()
```

1. 函数式 API

如果需要创建比较复杂的神经网络，那么函数式 API 提供了可以创建更加自由的创建模型的方式。

相应的创建代码如下：

```
inputs = layers.Input(shape=(2,))
# 将两个节点数为2的全连接层串在一起
series1 = layers.Dense(2, activation="relu")(inputs)
series1 = layers.Dense(2, activation="relu")(series1)
# 将两个节点数为3的全连接层串在一起
```

```
series2 = layers.Dense(3, activation="relu")(inputs)
series2 = layers.Dense(3, activation="relu")(series2)
# 将节点数为2和3的两个全连接层串在一起
concat = layers.Concatenate()([series1, series2])
output = layers.Dense(1, activation="sigmoid")(concat)
model = models.Model(inputs = inputs,outputs = output)
model.summary()
```

对应的输出结果如下：

```
Model: "model"
_______________________________________________________________________________
Layer (type)                   Output Shape   Param #  Connected to
===============================================================================
input_1 (InputLayer)           [(None, 2)]     0
_______________________________________________________________________________
dense (Dense)                  (None, 2)       6       input_1[0][0]
_______________________________________________________________________________
dense_1 (Dense)                (None, 2)       6       dense[0][0]
_______________________________________________________________________________
dense_3 (Dense)                (None, 3)       9       input_1[0][0]
_______________________________________________________________________________
concatenate (Concatenate)      (None, 5)       0       dense_1[0][0]
                                                       dense_3[0][0]
_______________________________________________________________________________
dense_4 (Dense)                (None, 1)       6       concatenate[0][0]
===============================================================================
Total params: 27
Trainable params: 27
Non-trainable params: 0
_______________________________________________________________________________
```

2. 泰坦尼克号乘客生还预测模型搭建

本例中，泰坦尼克号乘客生还预测模型如图 3-15 所示。

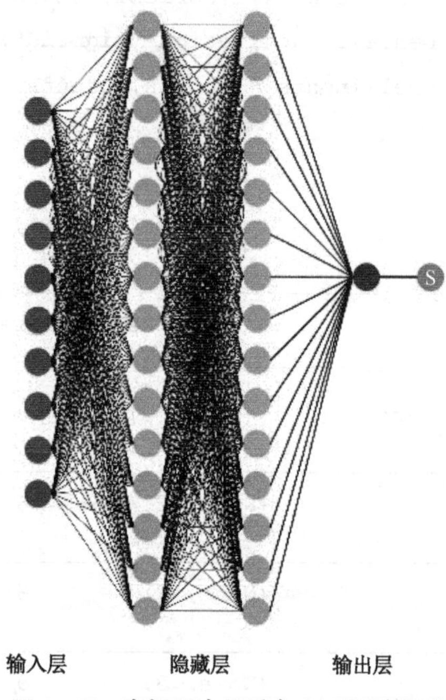

图 3-15　泰坦尼克号乘客生还预测模型

图 3-15 由 3 层组成。输入层有 10 个参数，代表经过预处理后的数据集有 10 个参数。隐藏层由两层 15 个节点的全连接层组成。输出层由 1 个节点组成，使用 Sigmoid 激活函数预测结果。

该模型搭建的代码如下。

```
model = models.Sequential()
model.add(layers.Dense(15,activation = 'relu',input_shape=(10,)))
model.add(layers.Dense(15,activation = 'relu' ))
model.add(layers.Dense(1,activation = 'sigmoid' ))
model.summary()
```

模型信息输出为：

```
Model: "sequential"
_________________________________________________________________
Layer (type)                 Output Shape              Param #
=================================================================
dense (Dense)                 (None, 15)               165
_________________________________________________________________
dense_1 (Dense)               (None, 15)               240
_________________________________________________________________
dense_2 (Dense)               (None, 1)                16
=================================================================
Total params: 421
Trainable params: 421
Non-trainable params: 0
_________________________________________________________________
```

搭建好模型后，还不能直接使用，需要设定好模型的损失函数、评价函数与优化器，进行模型编译。

3.3.4 模型编译

在深度学习的神经网络中，决定模型效果的除了模型本身的网络结构，最重要的还有损失函数与优化器。其中，损失函数用来反映神经网络当前的权重设置下，对训练集中属性预测的结果与训练集中实际结果的差距，例如 MSE（均方误差）。优化器则决定了神经网络如何调整权重值来降低误差，例如，以求导的方式来做梯度下降，就是方法之一。

在本例中，除了损失函数与优化器之，还指定了评价函数。评价函数的作用与损失函数类似，用于评价神经网络的预测结果，但这只是用来参考，不会参与到实际的训练中。

本例的模型编译代码如下。

```
model.compile(loss='mean_squared_error',
              optimizer=tf.keras.optimizers.SGD(learning_rate=1e-3),
              metrics=['accuracy'])
```

上面的代码虽然少，但有在模型训练中起着关键作用的设置。这里的损失函数（loss）选择 mean_squared_error，即均方误差；选择优化器（optimizer）选基础的 SGD，并设置学习率为 1e-3；评价函数（metrics）为 accuracy。在这 3 个参数中，损失函数与优化器是必要条件，评价函数是可选条件。下面将对这 3 个参数进行介绍。

3.3.4.1 损失函数（loss）

损失函数用来测量训练过程中，神经网络预测的值与实际结果之间的误差。本例使用的是“mean_squared_error”，也就是均方误差。这是模型编译两个必要条件之一。

均方误差（mean_squared_error）

均方误差是最常用的误差函数，定义为：

$$\mathrm{MSE}=\frac{\sum_{i=1}^{n}(X_i-x_i)^2}{N}$$

均方误差可以较好地反映预测结果与训练集中实际结果的误差。但损失函数不是完美的，有各种适合的场景，比如 MSE 的缺点是当某几个点和结果差距较大（离群数据）时，会显著地影响结果。

除了 MSE，在 TensorFlow 中，还内置许多常用的损失函数，举例如下。

平均绝对误差（absolute_difference）

平均绝对误差定义如下：

$$\mathrm{MAE}(X,h)=\frac{1}{m}\sum_{i=l}^{m}\left|h(x_i)-y_j\right|$$

针对均方误差的缺点，离群数据的影响相对较小，但是收敛速度比均方误差慢，导致模型可能要训练更多的次数。

胡伯误差（huber_loss）

由于 MSE 和 MAE 有各自的优点与缺点，huber loss 将两者组合起来，定义如下：

$$L_\delta\left(y,f\left(x\right)\right)=\begin{cases}\frac{1}{2}\left(y-f\left(x\right)\right)^2，当\left|y-f\left(x\right)\right|\leqslant\delta\\ \delta\left|y-f\left(x\right)\right|-\frac{1}{2}\delta^2，其他\end{cases}$$

其中，δ 为 huber loss 的可调节参数，与误差大小相比，确定了 MSE 与 MAE 各自所占的比重，以更好地处理异常点问题。当 δ 趋近于 0 时，huber loss 更趋近于 MSE。当 δ 趋近于 1 时，huber loss 更趋近于 MAE。由于多引入了一个参数，那么如何设置 δ 就是 huber loss 的最大问题。

交叉熵（binary_crossentropy）

交叉熵适合用于分类问题的误差计算，公式计算了分类取不同类别时的熵，这里可以从更直观的角度去理解上述定义。熵用于描述信息的无序与不确定程度，熵越高，不确定性程度越高；熵越低，确定性程度越高。在分类问题中，就说明分类得越清晰。

计算二分类问题的二元交叉熵的定义如下：

$$H_p(q)=\sum_x q(x)\log_2\left(\frac{1}{p(x)}\right)=-\sum_x q(x)\log_2 p(x)$$

二分类指的是将一个预测的目标分为两类。例如，判断一个动物是猫，还是狗，颜色是红色，还是绿色，多元交叉熵与二元交叉熵同理。多分类问题指的是，将一个预测目标分为多类，例如喜欢的运动是篮球、足球，还是排球，手写数字是 9 个阿拉伯数字中的哪一个。

其余的损失函数不在此一一列出，不同损失函数适用于不同的场景，如果有特殊场景需要特殊的损失函数，则可以继承 losses.Loss 类，自定义损失函数。当然需要注意的是，神经网络的权重调节依赖于对损失函数求导后进行梯度下降，所以自定义的损失函数也需要注意损失函数需要可导的问题。

3.3.4.2 优化器（optimizer）

确定损失函数后，经过计算得到误差，接下来就需要利用优化器来对权重进行调整。优化器以误差函数得到的误差为数据基础，以梯度下降为理论基础，对神经网络中的权重与偏置做调整，以获得更低的误差。

读者可以回忆一下初次了解梯度下降时想象的模型。损失函数根据值的高低形成山脉，山峰是损失函数值最高处，山谷是损失函数值最低处，那么梯度下降就是一个小球在山脉的某处，滚向山谷处，如图 3-16 所示。

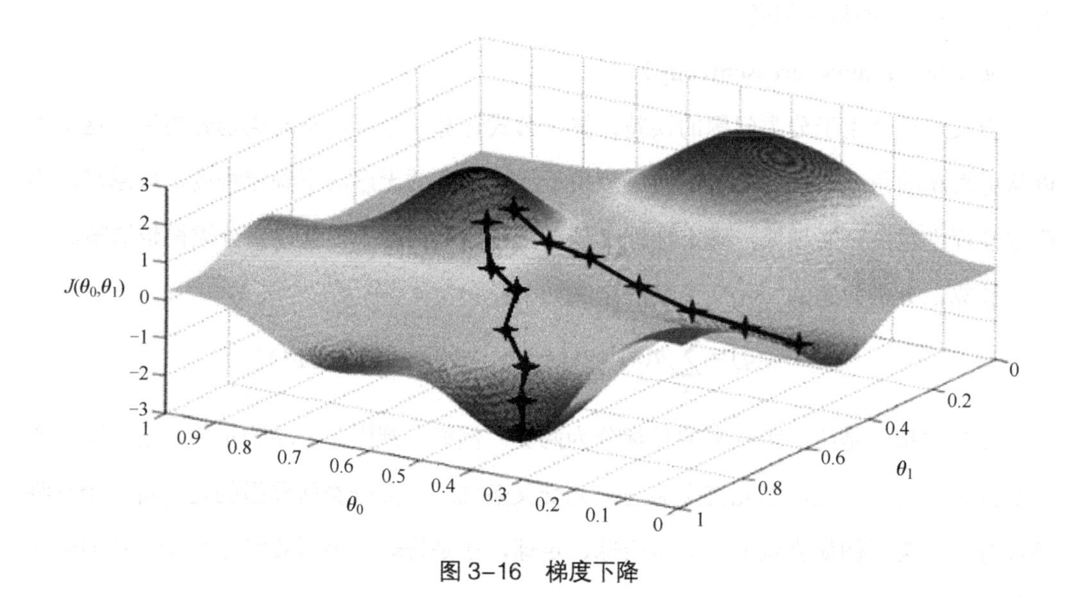

图 3–16 梯度下降

在之前的章节中，读者已经可以使用梯度下降对神经网络进行优化，当时采用的是将整个数据集全部送入神经网络，这种方式被称为 BGD（Batch Gradient Descent）。

BGD（批量梯度下降）是一次性送入整个训练集数据的。

这种方法在训练集量较少时比较方便，但实际上，训练集往往具有大量数据，这使得在训练中，对整个数据集计算梯度的运算速度比较慢，同时也没有在线学习能力。

SGD（Stochastic Gradient Descent）。

SGD（随机梯度下降）指的是，将数据集分为小批量数据，每次只送入一个批次的数据对神经网络进行训练。由于每次送入的数据比较小，使得训练数据比较快。多批次送入数据，可以使 SGD 具有一定跳出局部最优的能力。

但是，由于送入数据是分批次的，所以，SGD 并不是每次迭代都向着整体最优化方向的，使得 SGD 训练速度更快，但是准确度会相对下降。同时，更新频繁也会导致损失函数值出现较严重的振荡。

SGD with Momentum。

Momentum 指的是物理上的动量。读者可以模拟使用 SGD 优化器作用小球在山谷中滚动的场景。可以发现，SGD 没有考虑数据批次之间的关联，每次移动时只和本次数据的梯度相关，使得数据之间产生割裂。同时，SGD 是直接修改了小球的位置，与真实的物理场景不同。

在真实场景中，一个物体的运动距离应该与当前的速度有关。引入 Momentum 的 SGD 优化器就以中心点触发，在进行梯度更新时，不直接修改小球的位置，而是更新小球的速度，再利用速度去更新要移动的距离。同时，也加入摩擦力的因素，用于逐步降低小球的速度。

如图 3-17 所示，SGD 优化器在梯度方向不变时，由于考虑了之前累积的速度，Momentum 能够加速参数的更新，从而加速收敛速度。而在梯度方向改变时，Momentum 可以降低参数的更新速度，从而避免因为一个小 batch 的数据而产生误差函数的振荡。同时，摩擦力也可以较好地解决学习率设置得不合理时，在山谷地点反复振荡的问题。

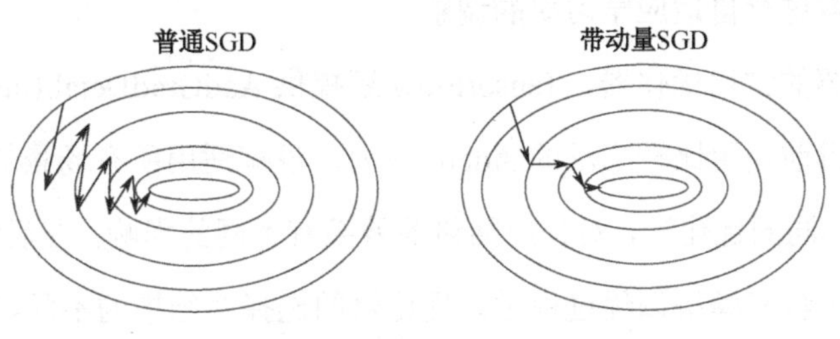

图 3-17　SGD 优化器

AdaGrad。

AdaGrad 优化器有一个很大突破是可以“自适应学习率”，从前面的优化器来看，学习率是与所有参数共享的、不变化的，或者是固定下降的（如 SGD with Momentum 中的摩擦力）。AdaGrad 从二阶动量的角度出发，考虑某个参数的历史更新频率来控制每个参数学习的效率，之前学习得越多，后续更新时，就越会去约束参数的变化幅度。

这里采用的历史更新频率就是这个参数迄今为止所有梯度下降值平方和。很明显，这个参数历史梯度下降值越大，那么它就变化得越频繁，越可以认为这个参数已经学习到了足够多的知识，所以应该抑制它的学习效率，降低参数值的变化幅度。不过 AdaGrad 思路过于激进，因为梯度下降值平方和是递增的，所以随着训练的次数增加，所有参数值的学习效率都会逐步下降，越来越接近 0，可能会导致部分参数在未得到完全训练之前就停止了学习。

RMSProp。

RMSProp 针对 AadGrad 优化器学习过程中，学习效率会越来越快接近 0 的问题，提出了改进，引入了一个新的参数 gama，值在[0,1)之间。在计算学习效率下降程度时，累计的梯度下降值会额外结合 gama 进行计算，用来抑制历史积累的梯度下降值对学习效率的影响。

Adam（Adaptive moment estimation）。

Adam 是目前使用比较广泛的优化器，可以看作在 RMSProp 的基础上再考虑动量的因素，是目前优化器发展的集大成者，即考虑了动量对梯度下降过程中震荡的抑制，又考虑了对每个参数进行自适应学习率的调整。

除了以上介绍的常用优化器，TensorFlow 还提供 AadGradDetal,Nadam,Adadelta 等。目前来看，包括目前使用比较广泛的 Adam 在内，没有适用所有场景的优化器。在不同的场景中，选用不同的优化器，对神经网络的效果有不同的影响。在后续的实践任务中，读者可以进一步了解在模型调优过程时，优化器的选择对结果的不同影响。

3.3.4.3 评价（metrics）

评价函数从另一个角度来衡量深度学习预测结果的好坏。如果说误差函数是用来技术模拟结果距离正确答案有多远，那么评价函数则是从更多角度去观察模型的效果。例如，模型训练过程中使用的评价函数准确率（Accuracy）就反映了分类正确的数量占总数量的比例。

但需要强调的是，评价函数只用于观察模型的效果，不会参与模型的训练中，所以评价函数不是模型训练的必要参数，也不会影响模型训练的结果。常用的评价函数包括准确率，误分类率、召回率、F1-Score 等。

3.3.5 模型训练

在 TensorFlow 中，通用模型训练有多种方法，最常用的有 fit 与 train_on_batch。其中，fit 方法使用上更为方便，但有一定的局限性。train_on_batch 则可以更加精细地控制训练过程，这里的 batch 是批次的意思，代表着神经网络的训练。

举个例子，现在有 10 个训练数据，如果 batch size 为 2，也就是每次送入 2 个数据进行训练，那么使用 fit 方法，定义好 batch size 后，TensorFlow 就会自动地将数据集分为 5 批，每批 2 个数据送入模型，整个过程自动进行。

而如果使用 train_on_batch，则表示每次训练都只执行一个 batch，也就是一批，用户可以对每批的数据量、学习率等进行自定义操作。例如，在模型训练的后期，需要使用自定义的方式来降低学习率。

在本例中，使用 fit 方法进行训练模型，对应代码如下。

```
# 得到训练集中是否获救的数据,用损失函数计算误差
dftrain_Servied = dftrain_raw['Survived']
history = model.fit(x=dftrain_process, #依据
                    y=dftrain_Servied, #结果
                    batch_size= 32,     #送入一部分数据
```

```
                    epochs= 50,          #一共训练50次
                    validation_split=0.2) #使用20%的数据作为验证集
```

运行工程，就会按配置的参数进行训练，控制台会输出过程中每次训练的结果，截取最后 3 次训练的结果如下。

```
    Epoch 28/30
    23/23 [==============================] - 0s 2ms/step - auc: 0.7518 -
loss: 0.1965 - val_auc: 0.8544 - val_loss: 0.1503
    Epoch 29/30
    23/23 [==============================] - 0s 1ms/step - auc: 0.7718 -
loss: 0.1883 - val_auc: 0.8685 - val_loss: 0.1567
    Epoch 30/30
    23/23 [==============================] - 0s 1ms/step - auc: 0.7727 -
loss: 0.1854 - val_auc: 0.8708 - val_loss: 0.1584
```

输出列出了每次训练结果的评价值与损失值、model.fit 的返回对象。其中，history 字段记录了模型训练过程中的详细信息，可以取出信息观察训练过程。图 3-18 中列出了损失值与准确率的变化。

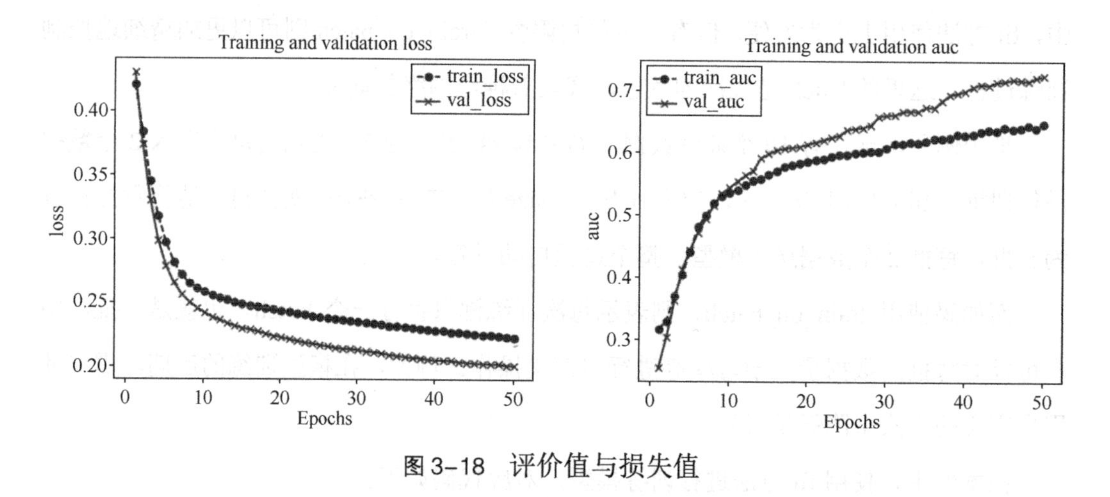

图 3–18　评价值与损失值

图 3-18 的左图是损失函数计算出的损失值，其中，圆点和叉分别代表由 validation_split 字段分割的训练集与验证集，随着训练次数的增加而降低。图 3-18 的右图则是由评价函数计算的准确度，随着训练次数的增加而逐渐提高。值得注意的是，每

一次训练过程与结果可能不一致，读者运行的结果和本节的结果图可能并不一样。

经过模型训练，可以得到神经网络的模型，即神经网络结构，以及各个参数，如权重与偏置经过训练后的值。接下来，就需要测试模型的好坏了。

3.3.6 模型验证

上节内容中的损失值与准确率都是在测试集中测评的，模型效果真正的好坏需要到测试集中验证。因为测试集好比知道答案的练习册，而模型验证则需要通过模型不知道答案的试卷进行。

测试方法如下：

```
# 用训练模型计算测试集中乘客的生还概率
predict_resulit = model.predict(dftest_process)
# 打印最后5个预测结果
print(predict_resulit[0:5])
```

输出如下：

```
[[0.32133564]
 [0.6273488 ]
 [0.28336936]
 [0.32133564]
 [0.35223347]]
```

数据是模型对测试集中乘客生还概率的验证。由于最终的结果应该是乘客是否生还，即预测结果应该是 1（生还），还是 0（去世）的问题。生还概率大于 0.5 的乘客可以认为为生还，否则为去世。编码如下：

```
# 对predict_resulit这个array中每个大于0.5的元素替换为1，否则为0
predict_resulit = np.where(predict_resulit > 0.5, 1, 0)
# 打印最后5个预测结果
print(predict_resulit[-5:])
```

可得到以下结果：

```
[[0]
 [1]
```

```
 [0]
 [0]
 [0]]
```

最后，通过 DataFrame 将预测结果与测试集中的 PassengerId 属性组合，就可以通过 PassengerId 索引了解乘客的生还情况。

```
pd_resulit = pd.DataFrame()
# predict_resulit原本为 [418,1]的二维数组，降维为一维数组再赋值为列
pd_resulit['Survived'] = predict_resulit.reshape(-1)
pd_resulit['PassengerId'] = dftest_raw['PassengerId']
# 打印最后5个预测结果
print(pd_resulit[-5:])
# 保存结果
pd_resulit.to_csv('predict_result.csv',index=False)
```

可以得到以下输出结果。

```
     Survived  PassengerId
0           0          892
1           0          893
2           0          894
3           0          895
4           0          896
..        ...          ...
413         0         1305
414         1         1306
415         0         1307
416         0         1308
417         0         1309

[418 rows x 2 columns]
```

接下来有两种方式，可以查看模型对测试集预测的效果，首先介绍将结果上传到 Kaggle 上，如图 3-19 所示，查看模型效果与上传结果的对比。

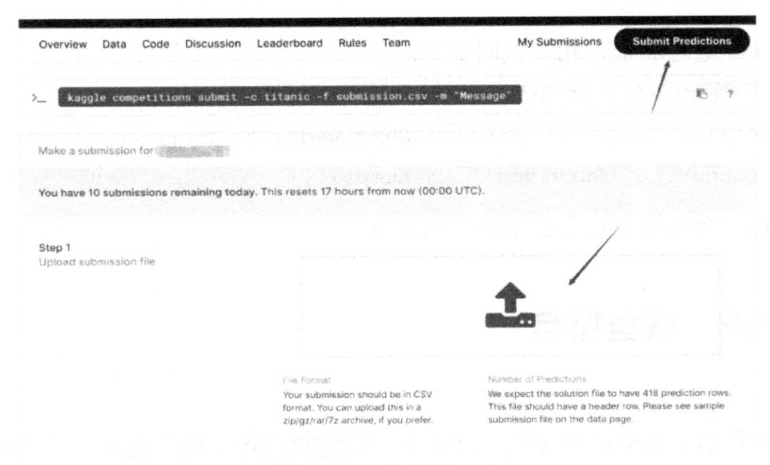

图 3-19　上传 Kaggle

可以看到模型测试效果，如图 3-20 所示。

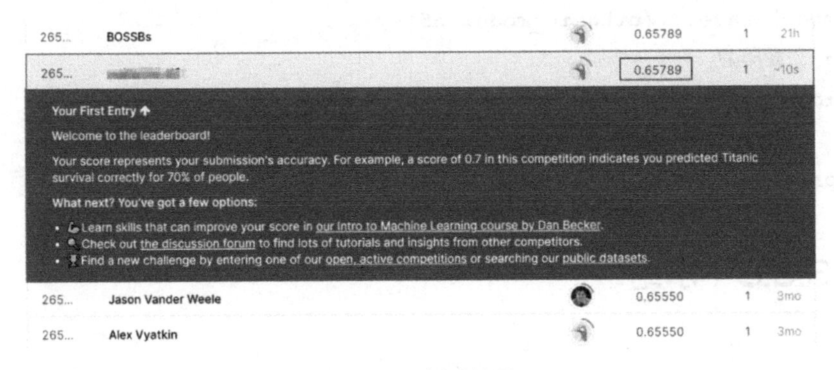

图 3-20　测试效果

如果最终的预测准确率为 0.657 89，表示模型大概有约 65.6%的准确率，排在了所有提交用户的第 26 573 名，这个结果不算太好。因为这个模型还有非常多的可以调优空间，例如，在数据预处理阶段对 Age 等属性缺失数据做更好填充；对 Fare 等属性进行归一化处理；模型训练过程中，尝试使用多样的损失函数与优化器等。本章对模型调优内容不做过多介绍，读者可以自己尝试调优后上传结果，查看测试效果。

对于 Kaggle 账户使用有问题的用户，也可以通过本书附带资源库中的

ground_truth.csv 进行验证，相关代码如下：

```
# 计算预测结果与真实结果每个元素是否相同，然后求平均值
np.mean(np.equal(pd_resulit['Survived'].to_numpy(),
pd_groundtrue['Survived'].to_numpy()))
```

这样也可以得到模型对测试集的预测结果。

3.3.7 模型保存

模型训练好后，需要保存模型，以便在后续的预测场景进行使用。在 TensorFlow2.x 中，最常用的方式是，将整个模型的结构与权重值保存为 keras 的.h5 格式，保存与加载的代码如下所示：

```
# 保存模型
model.save('./titanic_model.h5')
# 加载模型
load_model = models.load_model('./titanic_model.h5')
# 使用恢复的模型进行预测
predict_resulit = model.predict(dftest_process)
```

3.3.8 小结

本节以 titanic 数据集为例，详细讲解了使用 TensorFlow 进行深度学习的步骤，对其中的细节进行了详细介绍，并且对流程做了详细介绍。

其中，数据处理用于加工原始数据，便于后续模型的读取与使用，是深度学习中重要的一环；模型搭建用于搭建神经网络结构，确定网络连接方式与激活函数；模型编译重点指定模型的损失函数与优化器，以确定模型应该如何判断误差，并根据误差调整权重；模型训练则是将训练集数据送入模型，让模型自动调整权重，让预测结果更贴近训练集的真实结果；模型验证使用训练好的模型，预测测试集的效果，以判断模型效果的好坏；模型保存则是将模型持久化，以便将来恢复使用。

完整的处理代码如下。

代码 3-23

```
import tensorflow as tf
import numpy as np
import pandas as pd
from tensorflow.keras import models,layers
import json

# 训练集与数据集文件地址，可能需要根据数据文件位置进行修改
TRAIN_DATA_PATH = './train.csv'
TEST_DATA_PATH = './test.csv'
# 利用 pandas 读取数据，返回一个 DataFrame 对象，是表格化处理的数据
dftrain_raw = pd.read_csv(TRAIN_DATA_PATH)
dftest_raw = pd.read_csv(TEST_DATA_PATH)

def dataPreProcess(dfdata_in):
    # 创建一个新的DataFrame对象，用于存储清洗后的数据
    dfdata_process = pd.DataFrame()

    # Age属性处理 - 缺失值填充
    dfdata_process['Age'] =
dfdata_in['Age'].fillna(dfdata_in['Age'].mean())
    # Fare属性处理 - 缺失值填充
    dfdata_process['Fare'] =
dfdata_in['Fare'].fillna(dfdata_in['Fare'].mean())

    #one-hot编码
    embarked_onehot = pd.get_dummies(dfdata_in['Embarked'])
    embarked_onehot.columns = ['Embarked_' + str(x) for x in
embarked_onehot.columns]
    dfdata_process = pd.concat([dfdata_process, embarked_onehot],
axis=1)

    sex_onehot = pd.get_dummies(dfdata_in['Sex'])
    sex_onehot.columns = ['Sex_' + str(x) for x in sex_onehot.columns]
```

```
        dfdata_process = pd.concat([dfdata_process, sex_onehot], axis=1)

        #属性筛选
        selected_cols = ['Pclass', 'SibSp', 'Parch']
        dfdata_process = pd.concat([dfdata_process,
dfdata_in[selected_cols].copy()], axis=1)
        return dfdata_process

    # step1. 数据预处理
    dftrain_process = dataPreProcess(dftrain_raw)
    dftest_process = dataPreProcess(dftest_raw)

    # step2. 模型搭建
    model = models.Sequential()
    model.add(layers.Dense(15,activation = 'relu',input_shape=(10,)))
    model.add(layers.Dense(15,activation = 'relu' ))
    model.add(layers.Dense(1,activation = 'sigmoid' ))
    model.summary()

    # step3. 模型编译
    model.compile(loss='mean_squared_error',
                optimizer=tf.keras.optimizers.SGD(learning_rate=1e-3),
                metrics=['AUC'])

    # step4. 模型训练
    # 得到训练集中是否获救的数据,用于损失函数计算误差
    dftrain_Servied = dftrain_raw['Survived']
    history = model.fit(x=dftrain_process, #预测依据
                    y=dftrain_Servied, #预测结果
                    batch_size= 32,    #每批数据送入一部分数据
                    epochs= 50,        #一共训练50次
                    validation_split=0.2) #使用20%的数据作为验证集

    # step5. 结果预测
    # 用训练模型计算测试集中乘客的生还概率
```

```
    predict_resulit = model.predict(dftest_process)
    # 将predict_resulit这个array中每个大于0.5的元素替换为1，否则为0
    predict_resulit = np.where(predict_resulit > 0.5, 1, 0)
    pd_resulit = pd.DataFrame()
    # predict_resulit原本为 [418,1]的二维数组，降维为一维数组再赋值为列
    pd_resulit['Survived'] = predict_resulit.reshape(-1)
    pd_resulit['PassengerId'] = dftest_raw['PassengerId']
    # 加载验证结果
    pd_groundtrue = pd.read_csv('./ground_truth.csv')
    # 计算预测结果与真实结果每个元素是否相同，然后求平均值，得到预测结论
    print(np.mean(np.equal(pd_resulit['Survived'].to_numpy(),
pd_groundtrue['Survived'].to_numpy())))


    # step6. 模型保存
    model.save('./titanic_model.h5')
    json.dump(history.history, open('history.json', 'w'))
```

以上流程的完整代码与相关数据也可以在本书相关资源包中获取。

3.4 基于 TensorFlow 的手写数字识别

本节任务是利用 TensorFlow 来进行手写数字识别的。在这个案例中，将搭建一个 4 层神经网络，读取手写数字图片数据，并将其识别为具体的阿拉伯数字。

3.4.1 数据简介

手写数字识别指利用深度学习，识别数字图像化的手写数字，具有很强的实际应用与落地价值。例如，将纸质的文档数字化，无纸化办公，等。在实际的应用场景中，首先需要将手写数字分割为单独的大小相近的图像，送入识别器中，然后再将识别结果组

装。本节任务主要是将单张图像识别为数字。

在前面的章节中，读者已经了解到，在深度学习中，数据的获取与处理是十分重要的。如果要让模型能够识别手写数字图片，那么就需要非常多的手写数字图片来进行训练，并且这些图片还应该具有一定的普适性，需要多个人书写不同字形的数字。这项收集工作有一定难度，不过幸好 MNIST 数据集收集了大量已经标注好的手写数字图片，这些图片由超过 250 人手写的 0 到 9 数字图片组成，共有 70 000 张图片，其中，60 000 张图片为训练集，10 000 张图片为测试集，每张图片都已经被处理为 28×28 像素大小，非常适用手写数字识别的研究。

MNIST 数据集可以在 http://yann.lecun.com/exdb/mnis 下载，共 4 个文件，作用参见表 3-6。

表 3-6　MNIST 数据集

train-images-idx3-ubyte.gz	用于训练集的 60 000 张图片
train-labels-idx1-ubyte.gz	训练集图片标签
t10k-images-idx3-ubyte.gz	用于测试集的 10 000 张图片
t10k-labels-idx1-ubyte.gz	测试集图片的标签

下载解压后，放到工程目录下，以备后续使用。现在直接打开解压后的文件夹，看到的并不是图片，或者文本，而是一种 idx3-ubyte 类型文件。以二进制格式打开 train-images.idx3-ubyte 文件，看到的部分内容如图 3-21 所示。

这其实是将数字图片与文本以二进制格式进行存储，可以极大地减小存储空间。在使用时，需要按一定格式进行读取恢复，存储的格式在 yann.lecun.com 上有详细的说明。训练集图片的二进制文件 train-images-idx3-ubyte 存储格式参见图 3-22。

简要进行说明，文件的前 4 个字节为一个魔法数(magic number)，固定为 2 051，一般用这个数字表示文件没有被损坏。接下来 4 个字节表示了一个整数 60 000，说明了这个文件中共有 60 000 张图片。然后，2 个 4 字节表示了 2 个 28，表示图片的分辨率为28×28，即横向有28个像素，竖向有28个像素。再接下来的每个字节都表示图片的一个像素点的灰度值，按行优先进行存储，既然一张图片有784（28×28）个点，所以从文件的第16个字节开始，每784个字节就表示了一张图片。图解如下。

```
 Offset: 00 01 02 03 04 05 06 07 08 09 0A 0B 0C 0D 0E 0F
00000000: 00 00 08 03 00 00 EA 60 00 00 00 1C 00 00 00 1C
00000010: 00 00 00 00 00 00 00 00 00 00 00 00 00 00 00 00
00000020: 00 00 00 00 00 00 00 00 00 00 00 00 00 00 00 00
00000030: 00 00 00 00 00 00 00 00 00 00 00 00 00 00 00 00
00000040: 00 00 00 00 00 00 00 00 00 00 00 00 00 00 00 00
00000050: 00 00 00 00 00 00 00 00 00 00 00 00 00 00 00 00
00000060: 00 00 00 00 00 00 00 00 00 00 00 00 00 00 00 00
00000070: 00 00 00 00 00 00 00 00 00 00 00 00 00 00 00 00
00000080: 00 00 00 00 00 00 00 00 00 00 00 00 00 00 00 00
00000090: 00 00 00 00 00 00 00 00 00 00 00 00 00 00 00 00
000000a0: 00 00 00 00 00 00 00 00 03 12 12 12 7E 88 AF 1A
```

图3-21　二进制数据

```
TRAINING SET IMAGE FILE (train-images-idx3-ubyte):
[offset] [type]          [value]          [description]
0000     32 bit integer  0x00000803(2051) magic number
0004     32 bit integer  60000            number of images
0008     32 bit integer  28               number of rows
0012     32 bit integer  28               number of columns
0016     unsigned byte   ??               pixel
0017     unsigned byte   ??               pixel
........
xxxx     unsigned byte   ??               pixel
Pixels are organized row-wise. Pixel values are 0 to 255.
0 means background (white), 255 means foreground (black).
```

图3-22　存储格式

一个字节可以表示数字的范围为0到255。越接近0，表示这个像素点越接近白色；越接近255，则表示这个像素点越接近黑色。将0到255的数值标准化为0到1的实数，也就是越接近0，这个点越接近白色；越接近1，点越接近黑色。那么数字1可以如图3-23所示。

标签文件的存储格式与上类似，也是以二进制形式进行存储的如图3-24所示。

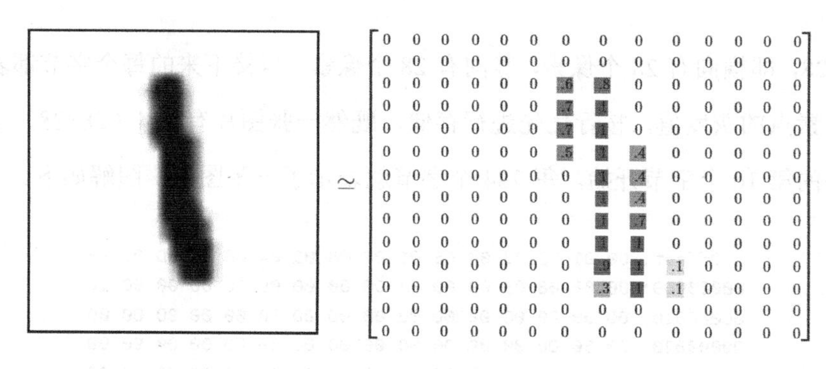

图 3-23　数字 1

```
[offset] [type]          [value]          [description]
0000     32 bit integer  0x00000801(2049) magic number (MSB first)
0004     32 bit integer  60000            number of items
0008     unsigned byte   ??               label
0009     unsigned byte   ??               label
........
xxxx     unsigned byte   ??               label
The labels values are 0 to 9.
```

图 3-24　二进制存储

简要进行一下说明，前 4 个字节是魔法数。接下来，4 个字节表示数据共有 60 000 个标签，然后下来的每个字节，即表示一个标签数字，范围为 0 到 9，表示对应偏移位置的图片代表的阿拉伯数字。

如果将 train-images.idx3-ubyte 的二进制格式恢复为图片，那么训练集图片类似于图 3-25。

图 3-25　恢复图片示例

3.4.2 数据处理

由于 MNIST 数据集并不是独立的图片，所以需要专门的程序读取二进制数据，进行数据预处理。MNIST 数据集的读取与处理比之前的例子要复杂，涉及 Python 中二进制数据的处理。下面将对整个过程增加详细的注释，并对必要的概念进行补充介绍，读者可以根据需要查阅补充内容。

首先，读取图片的二进制数据，将相应的读取代码封装为一个函数，同时在训练集与验证集中使用：

```
def get_img_datas(file_path):
    """
    读取MNIST数据集中的图片数据
    :param file_path: 图片文件路径
    :return: 读取到的图片文件数据列表
    """
    # 图片文件
    image_file = None
    # with open 打开文件后，出作用域，文件会自动关闭
    with open(file_path, 'rb') as file:
        image_file = file.read()

    # image数据的list，一张图片的二进制数据，一个元素
    image_datas = []
    # 文件指针，表示读取到的文件的位置
    file_index = 0
    # '>IIII'，其实>表示大端法，IIII表示读取4次Int型数据(一个Int4个字节)，依次
分配到4个变量上
    # image_file，读取文件的路径
    # image_index 读取文件的开始位置
    magic_num,data_num,rows,cols = struct.unpack_from('>IIII',
image_file,file_index)
    # 使文件指针向后移动4个Int大小，即跳过已经读取数据的大小
    file_index += struct.calcsize('>IIII')
```

```
        # 一次读取的大小为一张图片占用的字节数，这里格式化后为 >784B
        read_formate = ">{}B".format(rows*cols)
        for image_index in range(0, data_num):
            # 一次读取784个字节，这是因为图片是28×28的关系
            data = struct.unpack_from(read_formate, image_file, file_index)
            image_datas.append(data)
            # 让指针向后移动784B
            file_index += struct.calcsize(read_formate)

        print('read image datas {}/{}'.format(len(image_datas), data_num))
        return image_datas
```

上面的读取代码有点长，让我们一步一步来看下整个过程。首先，引入 Python 的 Struct 模型来解包 MNIST 数据集二进制文件。其中，struct.unpack_from('>IIII', image_file,image_index)表示开始从二进制文件中读取二进制数据。读取二进制数据的时候，要确定几个问题：要从哪个文件的哪个位置开始读取，一次要读取多少内容，读取的方法是大端序，还是小端序，大端序表示高位的字节存在前面，小端序则相反。

总体来看，这段代码表示从 file_path 路径打开的文件中，从 0(image_index 一开始等于 0)开始读取数据，一次用大端序读取了 4 份 Int 型大小（一个 Int4 个字节）的数据，然后依次赋值给 magic_num、data_num、rows、cols。此时就已经读取了 16 个字节的内容。

需要注意的是 image_index 此时仍在 0 的位置，如果希望读取图片数据的内容，那么就需要让 image_index“跳”过已经读取的内容，然后文件指针就指向的图片数据的内容，接下来，就可以在一个循环体中，读取图片的数据，MNIST 图片数据中，一张图片长 28 像素，宽 28 像素，一个像素为一个字节大小，所以一张图片有 28×28 个字节，所以读取方法就是一次按大端序读取 784 个字节大小的数据，然后让 image_index“跳”过 784 字节，接着再读取下一张图片，直到读取结束。

读取标签的代码如下：

```
    def get_label_datas(file_path):
        """
        读取MNIST数据集中的图片数据
        :param file_path: 标签文件路径
```

```
        :return: 读取到的标签文件数据列表
        """
        # 标签文件
        label_file = None
        # with open 打开文件后，出作用域，文件会自动关闭
        with open(file_path, 'rb') as file:
           label_file = file.read()

        # image数据的list，一张图片的二进制数据，一个元素
        label_datas = []
        # 文件指针，表示读取到的文件的位置
        file_index = 0
        # 读取标签描述
        magic_num,data_num = struct.unpack_from('>II', label_file,
file_index)
        # 使文件指针向后移动2个Int大小，即跳过已经读取数据的大小
        file_index += struct.calcsize('>II')

        for label_index in range(0, data_num):
           # 一次读取1个字节
           data = struct.unpack_from('>B', label_file, file_index)
           label_datas.append(data)
           # 让指针向后移动1个字节
           file_index += struct.calcsize('>B')

        print('read label datas {}/{}'.format(len(label_datas), data_num))
        return label_datas
```

标签 label 的读取方式与图片数据读取方式类似，不同之处在于图片数据是一次读取 784 个字节，而标签数据是一次读取 1 个字节。

读取好数据后，接下来对数据进行预处理，这里主要是修改图片数据的格式，对标签数据进行 one-hot 编码。

```
    def pre_process(image_data, label_data):
      # 图片数据目前无须处理，转换为numpy数组，传入模型
       image_data = np.array(image_data)
       # 标签数据转置，与图像数据一一对应
```

```
        label_data = np.reshape(label_data, len(label_data))
        return  image_data, label_data
```

到这里，初步的数据处理就结束了，MNIST 数据的读取与处理比之前的例子要稍微复杂一些，涉及一定的二进制与图像数据处理，读者可以仔细阅读加以体会，并辅助实践，这对后续其他的数据集读取与处理有较大帮助。

3.4.3 模型搭建

首先，我们搭建神经网络模型，输入层是 28×28 的神经元矩阵，对应着图片的 28×28 个像素，中间有一个全连接的隐藏层，有 15 个神经元，输出则是一个有 10 个神经元，激活函数为 Sigmoid 的全连接层，对应着 10 个阿拉伯数字。输出时，激活函数值最高的就是神经网络预测的结果。神经网络模型参见图 3-26。

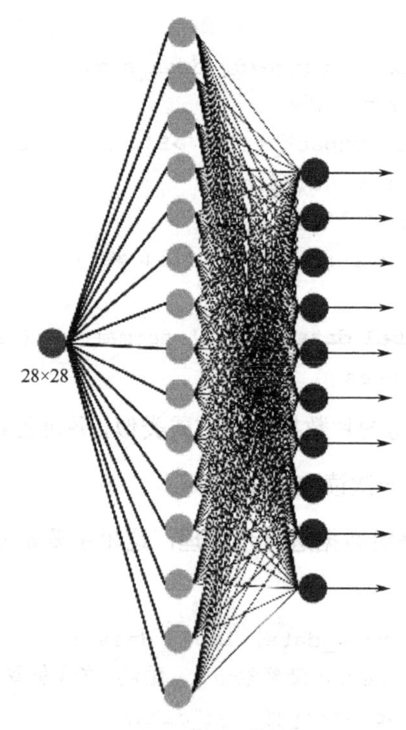

图 3-26 神经网络模型

模型的编译参数则选择基础的模块，采用随机梯度下降 SGD 作为优化器，损失函数采用均方误差 MSE，评价函数则使用 accuracy，对应代码如下：

```
model = models.Sequential()
model.add(layers.Flatten(input_shape=(28,28)))
model.add(layers.Dense(15,activation = 'sigmoid' ))
model.add(layers.Dense(10,activation = 'sigmoid'))
model.compile(optimizer=tf.keras.optimizers.SGD(learning_rate=1e-3)
,
              loss='mean_squared_error',
              metrics=['accuracy'])
model.summary()
```

对应的模型输出摘要如下：

```
Model: "sequential"
_________________________________________________________________
Layer (type)                 Output Shape              Param #
=================================================================
flatten (Flatten)            (None, 784)               0
_________________________________________________________________
dense (Dense)                (None, 15)                11775
_________________________________________________________________
dense_1 (Dense)              (None, 10)                160
=================================================================
Total params: 11,935
Trainable params: 11,935
Non-trainable params: 0
_________________________________________________________________
```

可以看到，这个模型共有 11 万多个可调整参数。这个量级已经无法让人类来进行调整了。使用 TensorFlow 快速完成模型搭建后，接下来需要进行训练，并测试一下模型效果。模型训练的代码如下：

```
history = model.fit(x=train_image, #预测依据
                    y=train_label, #预测结果
                    epochs= 15)    #一共训练15次
```

执行训练，并将损失值与准确率绘制出来，查看模型效果，参见图 3-27（绘图代码

不在这里给出，有需要的读者可以查阅本书附带源码资源）。

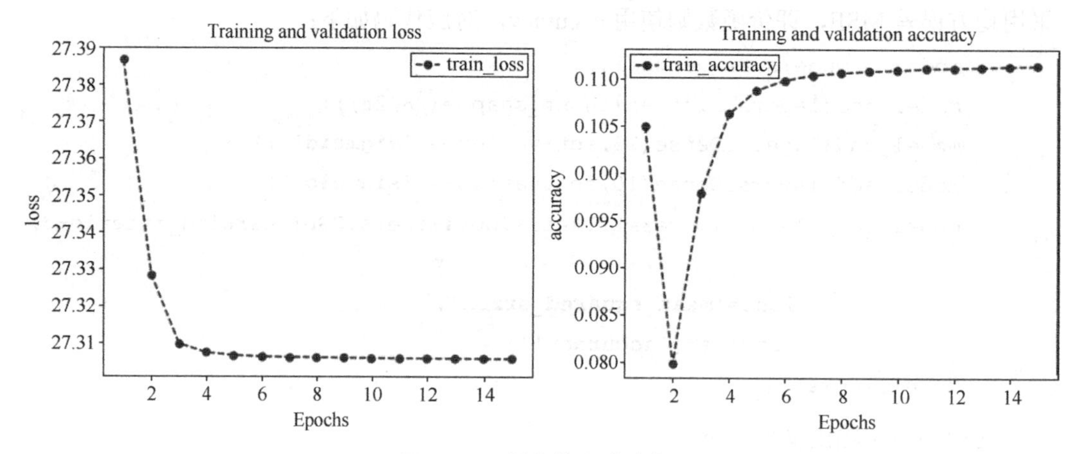

图 3-27　损失值和准确率

可以明显看到，此时模型的效果并不好。在训练集，损失值从 27.39 降低到 27.31 就无法再下降了，准确率也仅有 10%左右。这样的结果是无法使用的，需要进行模型调优，以优化模型效果。接下来，将对模型进行优化，期望获得更低的损失值与更好的准确率。

3.4.4　模型调优

在本节中，对模型调优，以期望获得一个更好的模型效果。模型调优可以从多个方面入手，根据实际问题，修改网络结构与参数，简介如下。

数据预处理：数据预处理是深度学习过程中重要的一环，给神经网络的数据越合理，神经网络对数据的学习和吸收效果就越好。有时候，合适的数字比网络优化更为重要。

网络结构：一般而言，神经网络的层数越多，每层的节点数越多，神经网络的表达能力就越强。某些特殊的网络层也可以增加网络的普适性，但网络越复杂，训练的性能消耗就越大。并且，单纯地增加神经元节点数，由于梯度消失与爆炸的问题，有时反而会起到不好的效果。

损失函数：损失函数在神经网络训练过程中非常重要。神经网络的所有目的均在于降低损失函数值。如果损失函数值选取得不对，那么神经网络的目标就是错误的，自然不能获得一个较好的结果。

优化器：优化器用于梯度下降时调整权重与偏置。不同的优化器对于不同的问题有不同的适应能力。

激活函数：激活函数用于网络层之间的数据传递，而最后输出层的激活函数则直接影响到神经网络的预测结果，对模型效果也有较大影响。

接下来，就通过以下几个方面来对神经网络模型进行调优。

图像数据预处理

在数据处理环节，已经对数据做过预处理，不过主要针对结构化的表格数据。在手写数字识别的网络中，数据是图片。针对图片类型的数据，也有许多常用的数据预处理手段，例如图像增强、图像降噪、归一化等。

其中，最常用的是对图像数据进行归一化。归一化其实非常简单。在 MNIST 数据中，每个像素点的表示颜色的灰度值的范围是[0,255]，归一化的作用就是把灰度值取值范围从[0,255]映射到[0,1]。

$$x' = \frac{x - \min(x)}{\max(x) - \min(x)}$$

通过归一化，首先，可以降低特征之间的差距，提高梯度下降的求解最优解的速度，特别是在特征数量比较多的时候，更为有效。其次，可以在一定程度上提高误差计算的精度，因为如果特征的值域选择范围很大，那么异常点（个别与主要数据分布离得比较远的数据）的影响将会非常大。最后，缩小值域的范围也有助于缓解梯度爆炸问题。

对图像数据做归一化的优化代码如下：

```
def pre_process(image_data, label_data):
    image_data = np.array(image_data)
    # 进行归一化处理
    image_data = image_data / 255.
```

```
        label_data = np.reshape(label_data, len(label_data))
        return  image_data, label_data
```

深度学习

深度学习，简单去理解，指网络层次比较深的神经网络。在第 1 章中，读者也初步了解到，多层神经网络理论上可以获得更多的知识，学习到更强的抽象能力。在手写数字识别网络中，多层神经网络可以从更细致的图像特征角度上理解不同的阿拉伯数字具体含义。

但是，随着神经网络的层数加深，也会带来梯度弥散、梯度爆炸等问题。在优化过程中，增加一层隐藏层可以提高网络的抽象能力，相关代码如下：

```
    model = models.Sequential()
    model.add(layers.Flatten(input_shape=(28,28)))
    model.add(layers.Dense(15,activation = 'sigmoid' ))
    # 增加一层15个神经元的隐藏层
    model.add(layers.Dense(15,activation = 'sigmoid' ))
    model.add(layers.Dense(10,activation = 'sigmoid'))
    model.compile(optimizer=tf.keras.optimizers.SGD(learning_rate=1e-3)
,
                  loss='mean_squared_error',
                  metrics=['accuracy'])
```

损失函数

不同的损失函数适合在不同的场景学习任务。例如，当前手写数据识别网络中使用的均方误差 MSE，适合用于如房价预测等回归问题，以及对连续型数据的预测任务。手写数据识别任务是一个分类任务，所以使用交叉熵更适合。这里选用的损失函数为稀疏交叉熵，对损失函数的修改相关代码如下：

```
    model = models.Sequential()
    model.add(layers.Flatten(input_shape=(28,28)))
    model.add(layers.Dense(15,activation = 'sigmoid' ))
    model.add(layers.Dense(15,activation = 'sigmoid' ))
    model.add(layers.Dense(10,activation = 'sigmoid'))
    model.compile(optimizer=tf.keras.optimizers.SGD(learning_rate=1e-3),
                  # 修改误差函数为稀疏交叉熵
```

```
                loss='sparse_categorical_crossentropy',
                metrics=['accuracy'])
```

优化器

优化器对网络的学习方向有非常大的影响。随着深度学习的发展，越来越多带有额外优化措施的优化器被提出。这里选择目前较为广泛使用的 Adam 优化器来替换 SGD，相关代码如下：

```
model = models.Sequential()
model.add(layers.Flatten(input_shape=(28,28)))
model.add(layers.Dense(15,activation = 'sigmoid' ))
model.add(layers.Dense(15,activation = 'sigmoid' ))
model.add(layers.Dense(10,activation = 'sigmoid'))
model.compile(optimizer=tf.keras.optimizers.SGD(learning_rate=1e-3),
                # 修改误差函数为稀疏交叉熵
                loss='sparse_categorical_crossentropy',
                metrics=['accuracy'])
```

激活函数

激活函数用于在不同的网络层之间传递信息。对预测信息的正向传播，以及在反向传播过程中梯度下降的误差的传递有重要的作用。在目前的神经网络中，均是使用 sigmoid 函数。在调优时，首先采用 relu 作为隐藏层的激活函数，以减小梯度消失问题。在输出层，则使用 softmax 函数。softmax 函数对 sigmoid 函数的输出做了额外计算，其公式为：

$$\text{Softmax}(z_i) = \frac{e^{z_i}}{\sum_{c=1}^{C} e^{z_c}}$$

其中，z_i 为第 i 个节点的输出值，C 为输出节点的个数，即类别的个数。举例来说，神经网络预测手写数字为 0 的输出为 0.5；神经网络预测手写数字为 1 的输出为 0.3；神经网络预测手写数字为 2 的输出为 0.7。如果使用 softmax 作为输出，则神经网络预测手写数字为 0 的输出为 0.5/(0.5+0.3 + 0.7)，即 0.33。同理，神经网络预测手写数字为 1 的输出为 0.2，神经网络预测手写数字为 2 的输出为 0.47。通过这样的计算约束了所有输出的和为 1，也就是使所有的分类可能性加起来为 100%，这更符合分类问题的预测结果。

激活函数替换在 TensorFlow 中非常简单，修改的相关代码如下：

```
model = models.Sequential()
model.add(layers.Flatten(input_shape=(28,28)))
# 修改对应的误差函数
model.add(layers.Dense(15,activation = 'relu' ))
model.add(layers.Dense(15,activation = 'relu' ))
model.add(layers.Dense(10,activation = 'softmax'))
model.compile(optimizer=tf.keras.optimizers.SGD(learning_rate=1e-3)
,
              loss='sparse_categorical_crossentropy',
              metrics=['accuracy'])
```

至此，我们就完成了所有的优化。接下来，再进行模型训练，观察效果是否已经得到了优化，参见图 3-28。

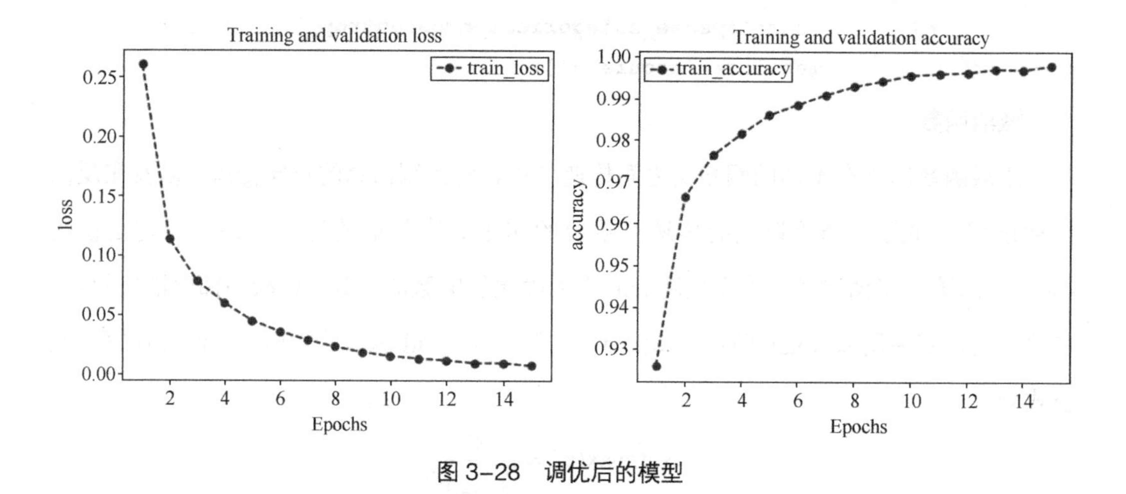

图 3-28　调优后的模型

可以看到，调优后的模型，损失函数值从最开始的 0.27 降低到了 0.007，而准确率最终达到了 99%，这个效果在训练集上就非常好了。接下来，我们将这个模型加载在测试集上运行。

```
model.evaluate(test_image,  test_label, verbose=2)
```

可以得到以下结果：

```
313/313 - 0s - loss: 0.0939 - accuracy: 0.9641
```

可以得到在测试集中的准确率也达到了 96.4%，相对在训练集中 99%的准确率有一定降低，这个效果也已经很不错了。但我们可以在网络层上做优化，再提高一下。下面先了解一下过拟合这个概念。

过拟合问题指的是，神经网络在训练集中表现得非常好，但却在真实的测试集上表现很糟糕，这是因为神经网络在多次的训练过程中太看重训练集表现出来的特征。一般来说，训练集无法完整反映整个数据的特征。

过拟合问题最好的解决方案是增加测试集的数量，但这很困难。如果从算法与模型角度出发，可以通过正则化与 Dropout 来缓解。正则化的思路为，出现过拟合问题是因为部分节点权重值过大，使得其他参数没有比较好的被利用，所以正则化会在计算一层网络输出到下一层的节点时，一定程度上抑制权重较大边的作用。而 Dropout 则采用另一个思路，既然过拟合问题是部分节点过于重要，那么就在训练学习过程中，随机抛弃部分节点（只是不参与计算，而不是移除），这样训练出来的网络随机性更强，不会局限于部分过于重要的节点。

这里采用 Dropout 对网络层进行优化如下，即在隐藏层之后增加一个随机将 20%节点无效化的 layers.Dropout：

```
model = models.Sequential()
model.add(layers.Flatten(input_shape=(28,28)))
model.add(layers.Dense(128,activation = 'relu' ))
# 增加Dropout层，解决过拟合问题
model.add(layers.Dropout(0.2))
model.add(layers.Dense(128,activation = 'relu' ))
model.add(layers.Dense(10,activation = 'softmax'))
model.compile(optimizer='adam',
            loss='sparse_categorical_crossentropy',
            metrics=['accuracy'])
```

优化后，重新对模型进行训练，并加载训练集进行测试。可以看到，准确率可以提升到 98%。

```
313/313 - 0s - loss: 0.0729 - accuracy: 0.9806
```

这个提升确实非常大，因为到了后期，准确率每提高一个百分点，都十分困难。至此，初步完成了模型调优，将验证集的准确率从10%提升到了99%，在测试集上的正确率也达到了98%，这个效果已经比较好了，读者可以从网络结构、自定义优化器、正则化、训练方式等角度入手，尝试继续优化。

3.4.5 总结

在本章任务中，利用神经网络对手写 MNIST 数字的图片进行了预测。首先，读取了二进制存储的图像数据，搭建了有一个隐藏层的神经网络，进行了手写数字预测，但模型效果较差。于是对模型进行调优，让正确率在训练集与测试上得到了很大的提升。

调优贯穿整个模型训练过程，从数据预处理、网络结构到优化器、损失函数的选择，都对模型的效果有较大的影响。当然，模型调优的手段并不限于本次任务中所使用的这几种方法。更深入的调优手段包括对TensorFlow模型训练过程中的步骤进行自定义修改，更符合场景的需求。

第 4 章

卷积神经网络

4.1 什么是卷积神经网络

卷积神经网络（Convolutional Neural Network，CNN）主要在图像识别领域应用，在前面举例的手写数字识别中，普通多层神经网络面临的主要问题就是图片数据按像素进行输入，使得数据量过大，网络层数过深，图像特征被分散以至于无法进行训练。而CNN 则解决了这些问题，一是图像处理数据过大的问题，二是图像在作为输入参数时，特征无法保留的问题。

一个典型的 CNN 网络由以下 3 部分组成（见图 4-1）。

- 卷积层；
- 池化层；
- 全连接层。

图 4-1　CNN 网络

其中，卷积层用来提取图像中的局部特征；池化层用来对提取出的局部特征进行进一步的降维，防止过拟合；全连接层则类似于普通的多层神经网络，用来接受池化层的输出，并运算出需要的结果，参见图4-2。

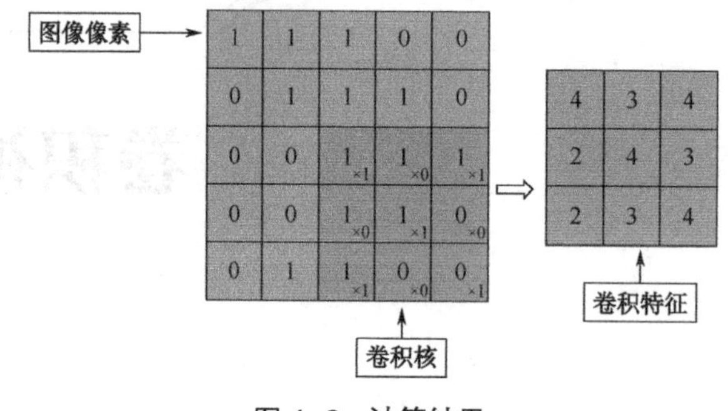

图4–2　计算结果

具体而言，卷积层用一个有一定规则的卷积核扫描整张图像，获得卷积特征。这个过程我们可以理解为使用一个确定大小的过滤器（卷积核）来过滤图像的小区域，从而得到这些小区域的特征值。这样，在输入端就不再是输入单个的像素。在具体应用中，往往有多个卷积核，也可以认为每个卷积核代表了一种图像规则。例如，设计了5个卷积核，可以理解为这个图像上有5种图像规则，那么使用这5种规则去替换单个像素，可以较好地还原出这幅图像。而池化层的作用在于经过卷积核的卷积特征过大，此时可以通过池化层将卷积特征进一步降维（也就是减少数据维度与大小）。

由于CNN在图像处理的输入端采用了创新的处理方式，所以在图片分类、目标定位、目标分割、人脸识别等图像处理领域有着广泛的应用。

4.2　输入层

卷积神经网络的输入层直接接收二维视觉模式，如二维图像。可以不再需要人工参与提取合适的特征作为输入，它自动地从原始图像数据提取特征、学习分类器，可大大减少开发的复杂性，有助于学习与当前分类任务有效的视觉特征。在实际应用中，输入层可以是一幅或多幅灰度图、彩色图像、视频多帧图像等。

4.3 卷积层

卷积层是卷积神经网络的核心模块。本章介绍的卷积神经网络均使用常见的二维卷积层。卷积层的主要目的是利用卷积核对上一层输入进行特征提取，不同的卷积核相当于不同的特征提取器。卷积层的模型参数包括了卷积核、标量偏差、填充和步幅。

以图像处理为例，针对图像的像素矩阵，卷积就是用一个卷积核来逐行逐列地扫描像素矩阵，并与像素矩阵中的元素相乘，由此得到新的像素矩阵，这个过程称为卷积。卷积过程可以理解为使用一个卷积核来过滤图像的各个小区域，从而得到这些小区域的特征值。

```
tf.nn.conv2d(
    input,
    filter,
    strides=,
    padding=,
    use_cudnn_on_gpu=True,
    data_format='NHWC',
    dilations=[1, 1, 1, 1],
    name=None
)
```

（1）input：输入张量，数据类型必须是 half, bfloat16, float32, float64。

（2）filter：过滤器/卷积核张量，必须和输入张量维度一致，4 个维度分别表示 [filter_height, filter_width, in_channels, out_channels]。

（3）strides：输入张量的每个维度所对应的滑动窗口的步长，长度为 4 的一维张量，整型数值构成的列表，第 1 维和最后 1 维必须为 1，即（1, stride, stride, 1）。一般情况下，strides 的 horizontal 和 vertices 是相同的。

（4）padding：设置填充算法，字符类型为“SAME”或“VALID”。

（5）use_cudnn_on_gpu：可选参数，布尔型，默认为 True。

（6）data_format：可选参数，字符型，默认为“NHWC”，指定输入张量和输出张量的数据格式为[batch, height, width, channels]。如果设置为“NCHW”，则指定输入张量和输出张量的数据格式为[batch, channels, height, width]。

（7）dilations：可选参数，整型数据构成的列表，长度为 4 的一维张量，默认为[1,1,1,1]，表示输入张量的每个维度的膨胀因子。如果设置数值 k 大于 1，表示在该维度上过滤元素之间跳过 k-1 个单元，使用时需要注意 batch 和 depth 这两个维度必须设置为 1。

（8）name：可选参数，设置该操作的名称。

4.3.1 填充

填充（padding）是指是否在图像的两侧填充元素（通常是 0 元素），也称为补零操作，其取值一般为 VALID 和 SAME 两种。

1. VALID 填充

卷积层的输出形状由输入形状和卷积核窗口形状决定。假设输入形状是 $n \times m$，卷积核形状是 $h \times w$，那么输出形状可以通过以下公式确定：

$$(n - h + 1) \times (m - w + 1)$$

VALID 填充只考虑输入矩阵能完全被卷积核覆盖的情况，即卷积核在输入矩阵的有效范围之内移动。如图 4-3 所示，输入是一个 5×5 的矩阵，卷积核是 3×3 的矩阵，从输入图像的最左上方开始，按从左往右、从上往下的顺序，依次在输入数组上滑动。当卷积窗口滑动到某一位置时，窗口中的输入子数组与卷积核按元素相乘并求和，得到输出数组中相应位置的元素，并将结果保存到输出对应的位置，这个位置称为特征映射（Feature Map）。当卷积核窗口滑过所有位置后，能完成二维卷积操作，形成一个新的图像特征。

1	1	0	1	0
3	-3	4	2	1
2	0	1	3	1
4	2	-1	0	1
6	3	-4	1	0

⊗

0	1	-1
1	0	0
1	-1	1

→

7	-2	4
-4	5	2
2	8	-4

图 4–3　VALID 卷积操作

VALID 卷积的具体计算过程如图 4-4～图 4-12 所示。图 4-4 中的阴影部分为第一个输出元素及其计算所使用的输入和核数组元素。相应的计算过程在每个步骤图的下方标明。

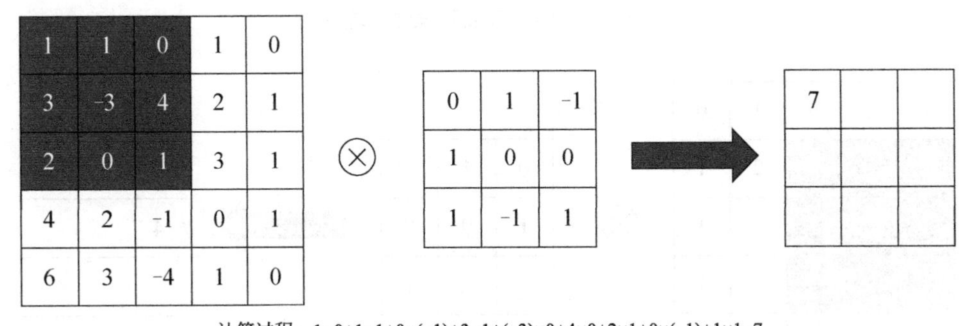

计算过程：$1\times0+1\times1+0\times(-1)+3\times1+(-3)\times0+4\times0+2\times1+0\times(-1)+1\times1=7$

图 4–4　VALID 卷积操作步骤 1

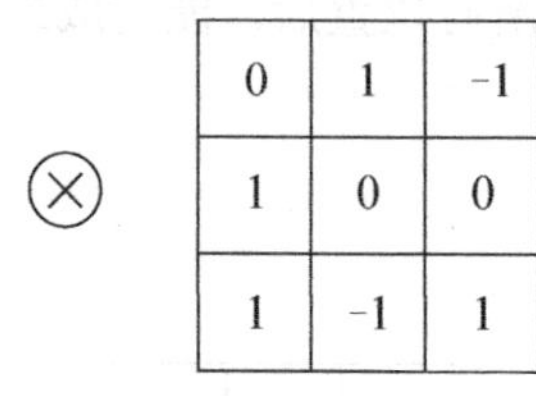
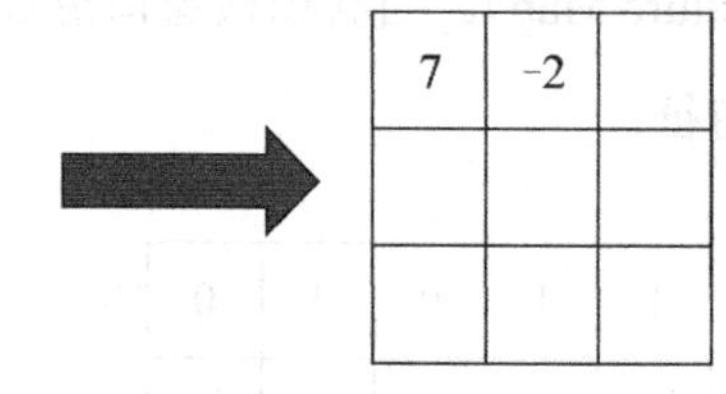

1	1	0	1	0
3	-3	4	2	1
2	0	1	3	1
4	2	-1	0	1
6	3	-4	1	0

⊗

0	1	-1
1	0	0
1	-1	1

→

7	-2	

计算过程：$1\times0+0\times1+1\times(-1)+(-3)\times1+4\times0+2\times0+0\times1+1\times(-1)+3\times1=-2$

图 4-5　VALID 卷积操作步骤 2

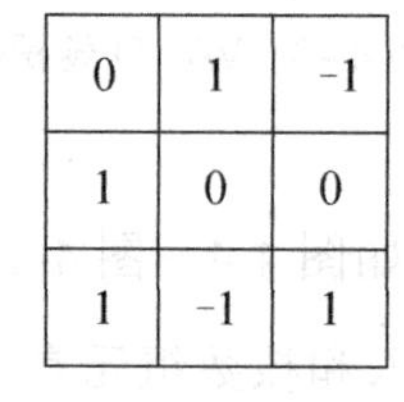

1	1	0	1	0
3	-3	4	2	1
2	0	1	3	1
4	2	-1	0	1
6	3	-4	1	0

⊗

0	1	-1
1	0	0
1	-1	1

→

7	-2	4

计算过程：$0\times0+1\times1+0\times(-1)+4\times1+2\times0+1\times0+1\times1+3\times(-1)+1\times1=4$

图 4-6　VALID 卷积操作步骤 3

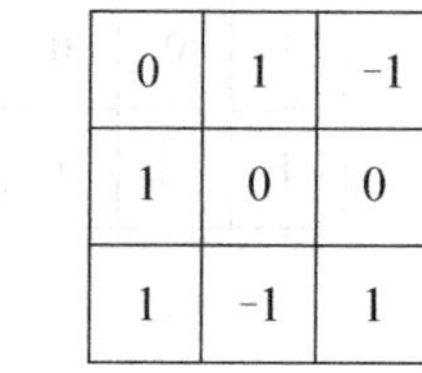
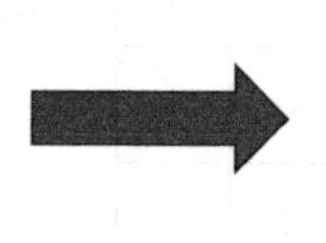

1	1	0	1	0
3	-3	4	2	1
2	0	1	3	1
4	2	-1	0	1
6	3	-4	1	0

⊗

0	1	-1
1	0	0
1	-1	1

→

7	-2	4
-4		

计算过程：$3\times0+(-3)\times1+4\times(-1)+2\times1+0\times0+1\times0+4\times1+2\times(-1)+(-1)\times1=-4$

图 4-7　VALID 卷积操作步骤 4

1	1	0	1	0
3	-3	4	2	1
2	0	1	3	1
4	2	-1	0	1
6	3	-4	1	0

⊗

0	1	-1
1	0	0
1	-1	1

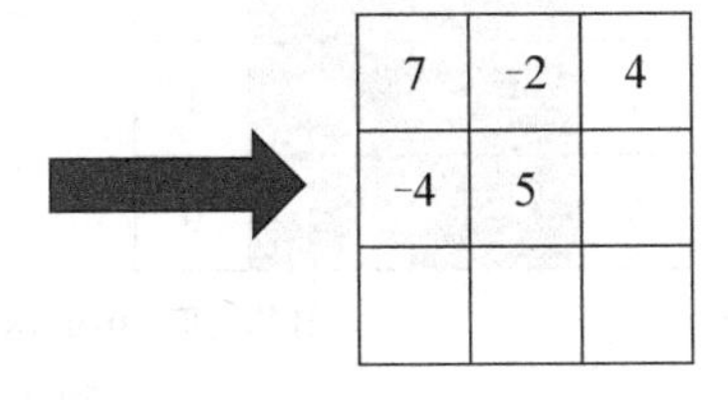

7	-2	4
-4	5	

计算过程：$(-3)\times0+4\times1+2\times(-1)+0\times1+1\times0+3\times0+2\times1+(-1)\times(-1)+0\times1=5$

图 4-8　VALID 卷积操作步骤 5

1	1	0	1	0
3	-3	4	2	1
2	0	1	3	1
4	2	-1	0	1
6	3	-4	1	0

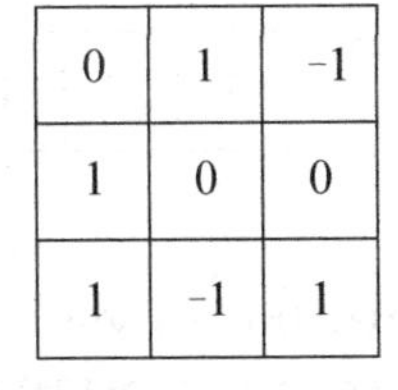

0	1	-1
1	0	0
1	-1	1

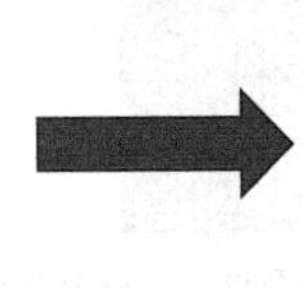

7	-2	4
-4	5	2

计算过程：$4\times0+2\times1+1\times(-1)+1\times1+3\times0+1\times0+(-1)\times1+0\times(-1)+1\times1=2$

图 4-9　VALID 卷积操作步骤 6

1	1	0	1	0
3	-3	4	2	1
2	0	1	3	1
4	2	-1	0	1
6	3	-4	1	0

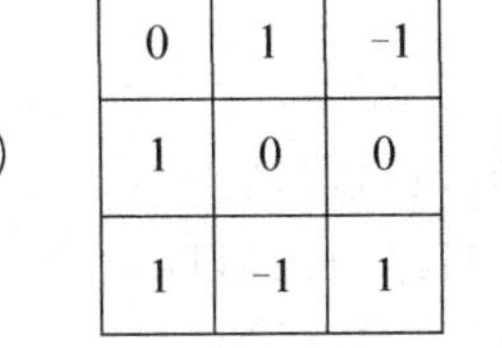

0	1	-1
1	0	0
1	-1	1

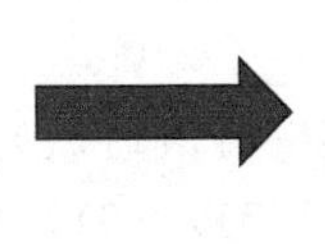

7	-2	4
-4	5	2
2		

计算过程：$2\times0+0\times1+1\times(-1)+4\times1+2\times0+(-1)\times0+6\times1+3\times(-1)+(-4)\times1=2$

图 4-10　VALID 卷积操作步骤 7

1	1	0	1	0
3	-3	4	2	1
2	0	1	3	1
4	2	-1	0	1
6	3	-4	1	0

⊗

0	1	-1
1	0	0
1	-1	1

→

7	-2	4
-4	5	2
2	8	

计算过程：$0\times0+1\times1+3\times(-1)+2\times1+(-1)\times0+0\times0+3\times1+(-4)\times-1+1\times1=8$

图 4-11　VALID 卷积操作步骤 8

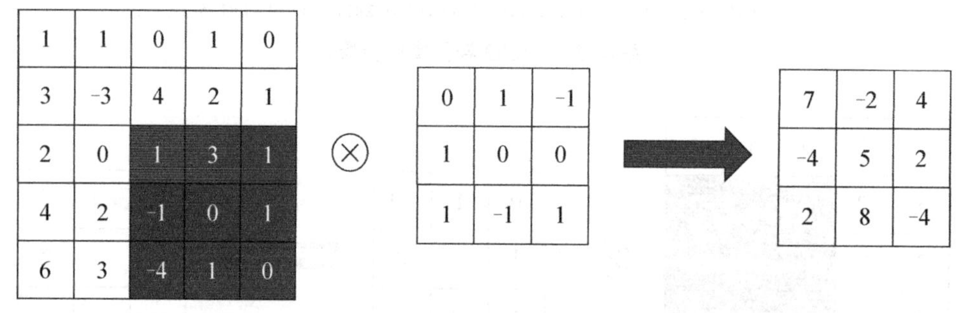

计算过程：$1\times0+3\times1+1\times(-1)+(-1)\times1+0\times0+1\times0+(-4)\times1+1\times(-1)+0\times1=-4$

图 4-12　VALID 卷积操作步骤 9

上述过程在 TensorFlow 中可以利用函数 tf.nn.conv2d 实现，具体如下所示。

代码 4-1

```
import tensorflow as tf
x=tf.constant(
    [[
            [[1],[1],[0],[1],[0]],
            [[3],[-3],[4],[2],[1]],
            [[2],[0],[1],[3],[1]],
            [[4],[2],[-1],[0],[1]],
            [[6],[3],[-4],[1],[0]],
    ]] ,tf.float32
)
k=tf.constant(
    [[
```

```
            [[0]], [[1]], [[-1]]],
            [[[1]], [[0]], [[0]]],
            [[[1]], [[-1]], [[1]]
    ]],tf.float32
)
conv=tf.nn.conv2d(x,k,(1,1,1,1),'VALID')
print(conv)
```

可以发现，每次使用VALID填充，新的图像特征大小会相比原图像大幅度缩小，这是因为边缘上的像素永远不会在卷积核中心进行计算，并且卷积核也没法扩展到边缘区域以外，导致输入图像的边缘信息被弱化。想象一下，我们有一个150层的神经网络，并在每一层进行卷积时使用VALID填充，最终我们会得到一个非常小的缩小图像，这是非常糟糕的结果。如果希望输入和输出图像的大小保持一致，需要采用SAME填充方式，在进行卷积操作前，在原矩阵的边界上进行填充，以此增加矩阵的大小。

2. SAME填充

SAME填充在实际应用中十分常见。假设输入矩阵的宽度等于 n，高度等于 m，卷积核的高等于 h，宽等于 w，0元素填充个数为 p，则输出形状通过以下公式确定：

$$(n+2p-h+1)\times(m+2p-w+1)$$

为了使输入矩阵和特征矩阵在卷积前后保持同样维度，SAME填充首先根据输入矩阵的宽度 n 和高度 m 将输入矩阵和卷积核进行SAME卷积，首先需要为输入矩阵指定一个定位点，然后将定位点按照先行后列的顺序移动到卷积核的每一个位置处，对应位置的值相乘，然后求和。假设卷积核的高等于 h，宽等于 w，则定位点的位置可以由表4-1获得。

表4-1　SAME卷积中心点规则

h和w的值	定位点位置
均为奇数	默认为中心点
h为偶数、w为奇数	$(h-1,(w-1)/2)$
h为奇数、w为偶数	$((h-1)/2,w-1)$
均为偶数	$(h-1,w)$

为了更容易找到卷积核的定位点，创建的卷积核大小一般情况下是奇数。在卷积神经网络的经典模型中，经常使用 3×3、5×5、7×7 等奇数高和宽的卷积核，这样就可以保证输入矩阵两端上的填充个数相等。

SAME 卷积的具体计算过程如图 4-13 所示。因篇幅所限，只列出了开始和最后的计算过程，图中的阅读顺序是从左往右，从上往下的。可以看出，我们创建一个高和宽为 5 的输入矩阵，卷积核的高和宽为 3，经过卷积以后的结果的维度和输入矩阵一样。

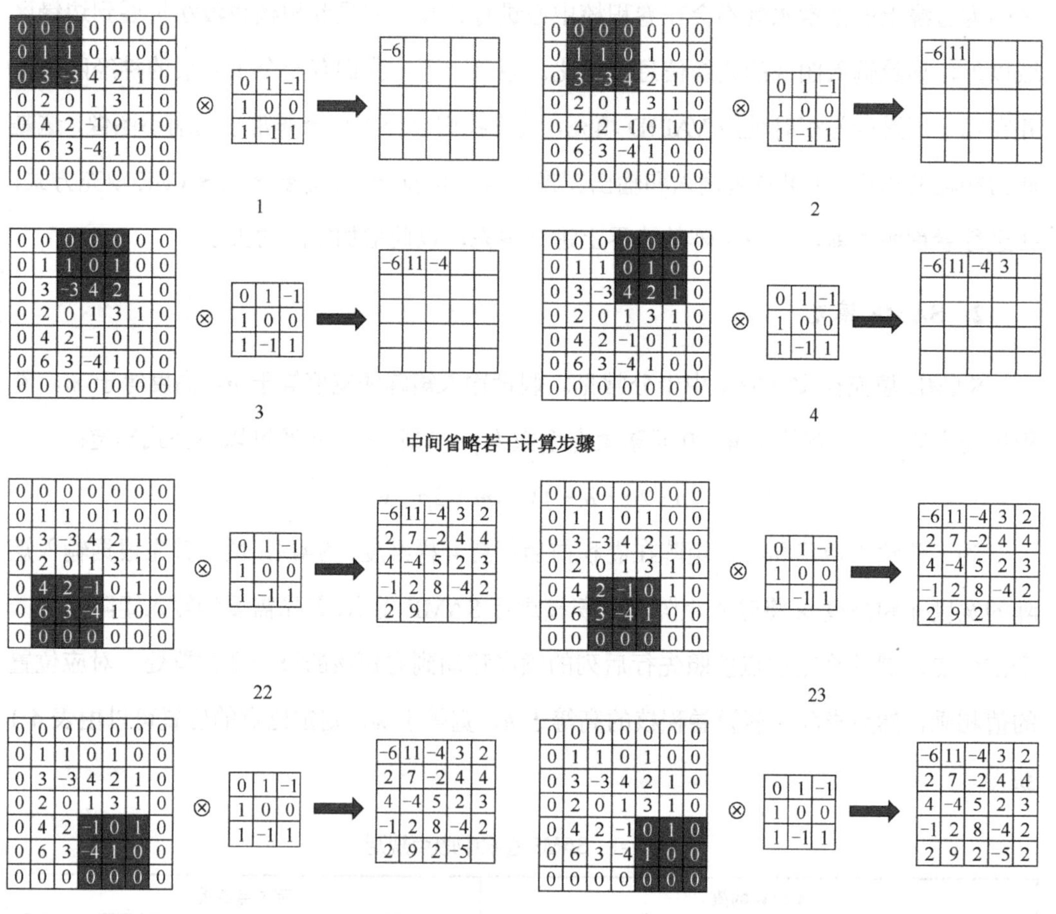

图 4-13　SAME 卷积过程

上述过程的具体实现代码如下：

代码 4-2

```
import tensorflow as tf
x=tf.constant(
    [[
            [[1],[1],[0],[1],[0]],
            [[3],[-3],[4],[2],[1]],
            [[2],[0],[1],[3],[1]],
            [[4],[2],[-1],[0],[1]],
            [[6],[3],[-4],[1],[0]],
    ]] ,tf.float32
)
k=tf.constant(
    [[
            [[0]], [[1]], [[-1]]],
            [[[1]], [[0]], [[0]]],
            [[[1]], [[-1]], [[1]]
    ]],tf.float32
)
conv=tf.nn.conv2d(x,k,(1,1,1,1),'SAME')
print(conv)
```

4.3.2 步幅

卷积核在输入矩阵中从输入数组最左上方开始，按从左往右、从上往下的顺序，依次在输入数组上滑动，每次滑动的行数和列数被称为步幅。

从 Conv2D 的参数 stride=(1,1)中可以看出，步幅默认为 1，初始化时可以设置每次滑动的行数和列数。如图 4-14 stride=(2,3)所示，设置从左往右的步幅为 2，从上往下的步幅为 3。当输出第 1 列的第 2 个元素时，卷积窗口向下滑动了 3 行，而在输出第 1 行第 2 个元素时，卷积窗口向右滑动了 2 列。当卷积窗口在输入上再向下滑动 3 行时，由于输入元素无法填满窗口，无结果输出。

0	0	0	0	0	0	0
0	1	1	0	1	0	0
0	3	-3	4	2	1	0
0	2	0	1	3	1	0
0	4	2	-1	0	1	0
0	6	3	-4	1	0	0
0	0	0	0	0	0	0

0	0	0	0	0	0	0
0	1	1	0	1	0	0
0	3	-3	4	2	1	0
0	2	0	1	3	1	0
0	4	2	-1	0	1	0
0	6	3	-4	1	0	0
0	0	0	0	0	0	0

图 4-14　stride=(2,3)

4.4　池化层

池化（Pooling）操作通常也称为子采样，是模仿人的视觉系统对数据进行降维的。卷积神经网络采用池化层的目的是：（1）降低信息冗余；（2）提升模型的尺度不变性、旋转不变性；（3）防止过拟合。

池化层有两种常用的操作方式。

最大池化（Max Pooling）：这是一种最常用的池化操作，用于计算特征图的指定区域的最大值，并使用它来创建下采样（池化）特征图。它通常在 CNN 网络的卷积层之间完成以减小空间。它增加了少量的平移不变性，这也意味着少量平移图像不会显著影响大多数池化输出的值。

平均池化（Average Pooling）：平均池化计算特征图的每个指定区域的平均值。平均池化通常用作 CNN 网络的最后一层（例如，GoogLeNet、SqueezeNet、ResNet）。

通常，我们使用 2×2 的池化窗口，步幅设置为 $S=1$ 或 $S=2$。图 4-15 池化操作是一个最大池化的示例，其中，输入矩阵大小为 4×4，池化窗口大小为 2×2，步幅分别为 $S=1$ 和 $S=2$。当 $S=1$ 时（图 4-15 池化操作右上图），每次操作在窗口范围内保留最大值，然后池化窗口依次从左往右，从上至下沿着输入矩阵滑动一格，从而产生3×3的输出特征。为了进一步减小输出特征的大小，我们将$S=2$应用于相同的输入矩阵（图4-15池化操作右下图），依然在窗口范围内保留最大值，然后沿着输入矩阵滑动两格。这种池化操作能够减少宽度和高度，有效地丢弃来自前一层75%的激活神经元。虽然池化降低了特征图的分辨率，但通过平移和旋转不变量保留分类所需的特征映射。除了空间不变性、健壮性之外，池化将大大降低计算成本。

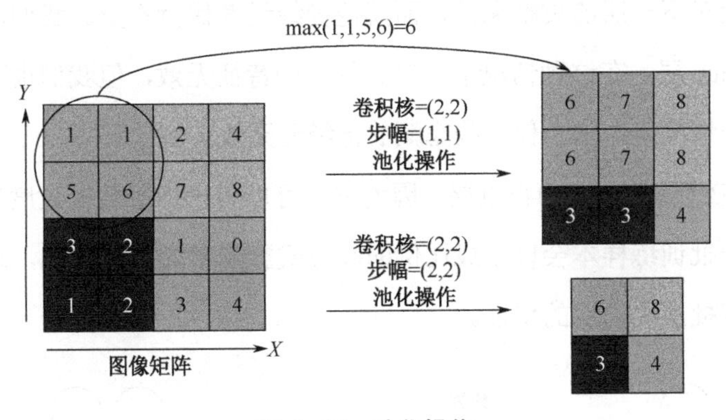

图4-15　池化操作

4.5　全连接层

经过多个卷积层和池化层后，神经网络已经抓取到足够的图片特征，但这些特征都是局部的。全连接层的作用就是把这些局部特征通过权重连接重新整合成完整的图像，并进行分类识别。

由于全连接层接受的输入是一维张量，因此，需要重塑卷积、池化的特征张量的维度。可以用flatten方法重塑维度。

4.6 Dropout

CNN 的另一个典型特征是 Dropout 层（如图 4-16 所示）。Dropout 层是一个掩码。它使某些神经元对下一层的贡献无效，而其他神经元都保持不变。我们可以对输入向量应用一个 Dropout 层。在这种情况下，它会使一些特征无效，但我们也可以将其应用于隐藏层。在这种情况下，它会使一些隐藏的神经元无效。

Dropout 层在训练 CNN 中很重要，因为它们可以防止训练数据过度拟合。如果它们不存在，则第一批训练样本会以不成比例的高方式影响学习。反过来，这将阻止学习仅在以后的样本或批次中出现的特征。

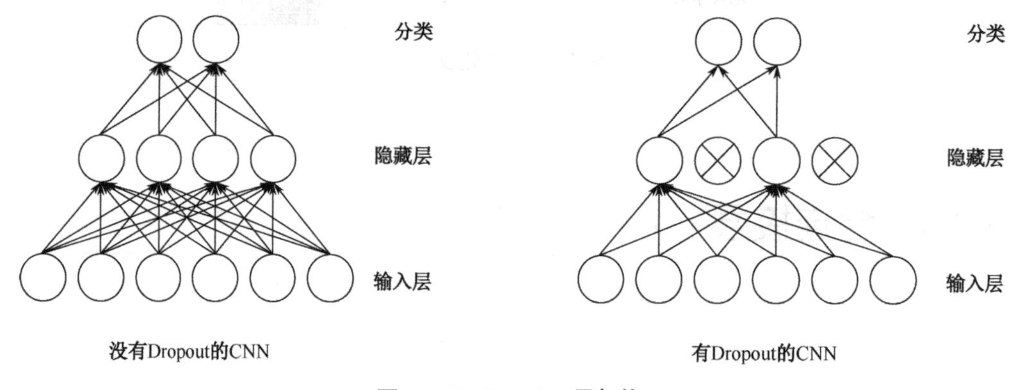

图 4-16　Dropout 层架构

假设我们在训练期间向 CNN 连续展示十张圆的图片。CNN 不会知道直线存在。因此，如果我们向 CNN 展示正方形的图片，它会非常困惑。我们可以通过在网络架构中添加 Dropout 层来防止过度拟合。

4.7 数据增强

通常，在处理特定的复杂任务时，很难获得训练模型所需的大量数据。尽管迁移学习技术可以发挥巨大的作用，但制作预训练模型处理特定任务所涉及的挑战是艰巨的。

数据增强是解决数据有限问题的一种方法，其作用是对可用数据应用不同的变换来合成新数据。数据增强可满足训练数据的多样性和数据量。除了这两个任务，数据增强也可以用来解决分类任务中的类不平衡问题。

在流行的深度学习应用程序中，图像分类、对象检测和分割等计算机视觉任务非常成功。数据增强可以有效地用于在此类应用程序中训练模型。应用于图像的简单变换包括翻转、旋转、平移、裁剪、缩放等。本节介绍 tf.image 相关函数对图像进行数据增强，为了看出图像的变化，以下示例中，图 4-17～图 4-22 左侧为原图，右侧为变化图像。

函数介绍：水平翻转图像（从左到右）。

```
tf.image.rgb_to_grayscale(image)
```

示例图像如图 4-17 所示。

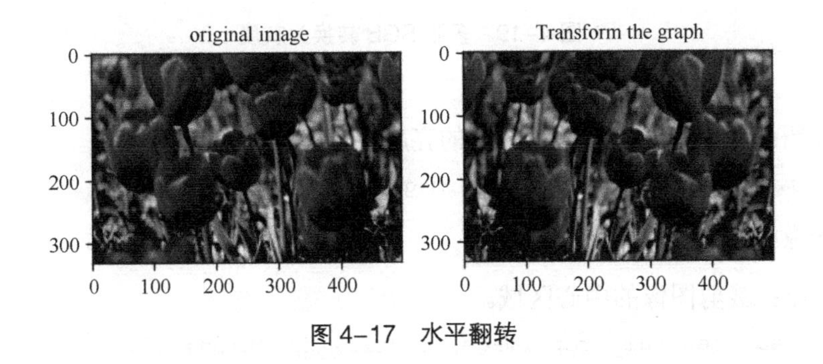

图 4-17　水平翻转

函数介绍：将一张或多张图像从 RGB 转换为灰度。

```
tf.image.rgb_to_grayscale(image)
```

示例图像如图 4-18 所示。

图 4-18　RGB 转换为灰度

函数介绍：将一张或多张图像从 RGB 转换为灰度。

```
tf.image.adjust_saturation(image, saturation_factor=3)
```

示例图像如图 4-19 所示。

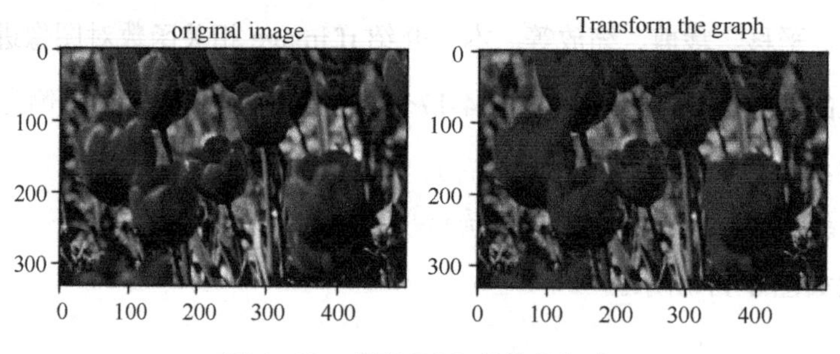

图 4-19　多张 RGB 转换为灰度

函数介绍：调整 RGB 或灰度图像的亮度。

```
tf.image.adjust_brightness(image, delta=0.4)
```

示例图像如图 4-20 所示。

函数介绍：裁剪图像的中心区域。

```
tf.image.central_crop(image, central_fraction=0.5)
```

示例图像如图 4-21 所示。

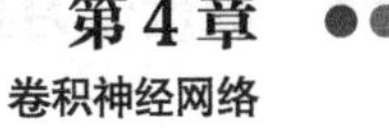

图 4-20 调整亮度

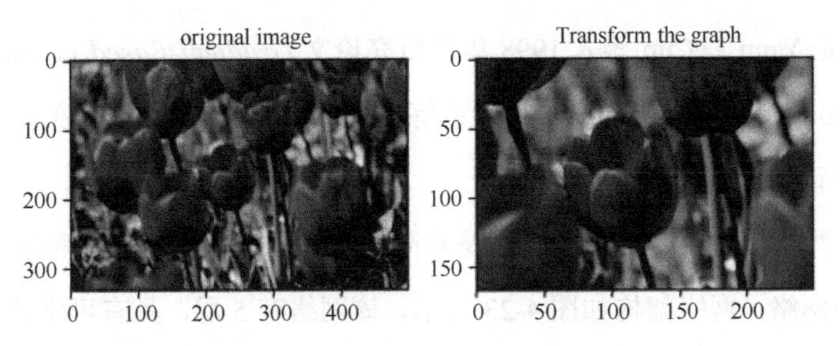

图 4-21 裁剪图像的中心区域

函数介绍：逆时针旋转图像 90°。

```
tf.image.rot90(image)
```

示例图像如图 4-22 所示。

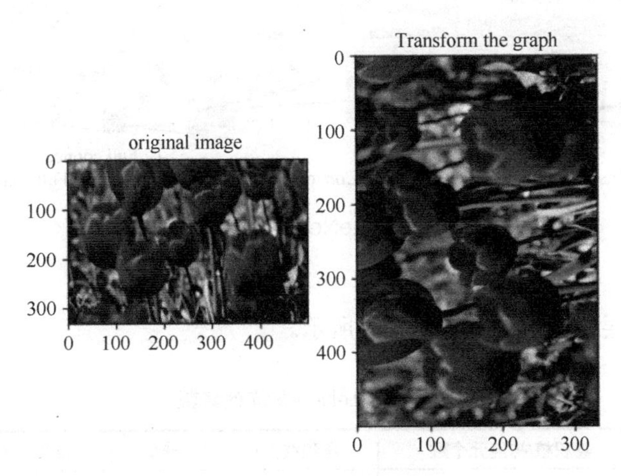

图 4-22 逆时针旋转图像 90°

4.8 典型卷积神经网络算法

4.8.1 LeNet-5 网络

LeNet-5 是 Yann LeCun 等人 1998 年在研究论文 *Gradient-Based Learning Applied to Document Recognition* 中提出的最早的预训练模型之一。他们使用这种架构来识别手写和机器打印的字符。

LeNet-5 网络模型流行的主要原因是其简单明了的架构。这是一种用于图像分类的多层卷积神经网络，网络架构如图 4-23 所示。该网络有 5 层，具有可学习的参数，因此命名为 LeNet-5。它具有 3 组卷积层，结合了平均池化层。在卷积层和平均池化层之后，有 2 个全连接层。最后，一个 Softmax 分类器将图像分类到相应的类中。

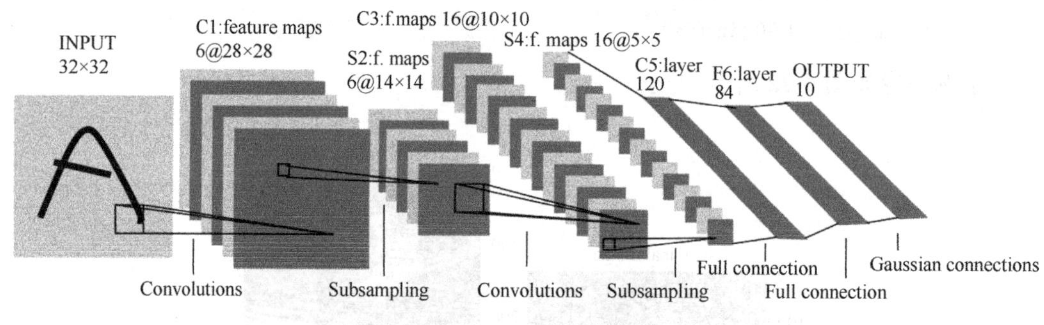

图 4-23 LeNet-5 网络架构图

LeNet-5 每一层的详细参数如表 4-2 所示。

表 4-2 LeNet-5 详细参数

层	卷积核/神经元个数	卷积核大小	步幅	特征图大小	激活函数
输入层	–	–	–	32×32×1	
卷积层 1	6	5×5	1	28×28×6	tanh

续表

层	卷积核/神经元个数	卷积核大小	步幅	特征图大小	激活函数
平均池化层 1		2×2	2	14×14×6	
卷积层 2	16	5×5	1	10×10×16	tanh
平均池化层 2		2×2	2	5×5×16	
卷积层 3	120	5×5	1	120	tanh
全连接层 1	–	–	–	84	tanh
全连接层 2	–	–	–	10	Softmax

第一层是特征图大小为 32×32×1 的输入层。

然后，我们建立第一个卷积层，有 6 个过滤器，大小为 5×5，步幅为 1。使用的激活函数是 tanh。输出特征图为 28×28×6。

接下来，我们建立一个平均池化层，卷积核大小为 2×2，步长为 1。生成的特征图为 14×14×6。池化层不影响通道数。

在此之后是带有 16 个 5×5 和步长为 1 的过滤器的第 2 个卷积层。此外，激活函数是 tanh。输出尺寸为 10×10×16。

另一个平均池化层为 2×2，步幅为 2。特征图的大小减小到 5×5×16。

最后的池化层有 120 个 5×5 的过滤器，步长为 1，激活函数为 tanh。输出大小为 120。

下一个是具有 84 个神经元的全连接层，输出为 84 个值，此处使用的激活函数是 tanh。

最后一层是具有 10 个神经元和 Softmax 函数的输出层。Softmax 给出数据点属于特定类别的概率，然后预测最高值。

4.8.2 AlexNet

AlexNet 指卷积神经网络。它对机器学习领域产生了很大的影响，特别是深度学习在机器视觉中的应用。它以大比分（错误率 15.3% VS 26.2%）赢得了 2012 年 ImageNet LSVRC-2012 比赛。AlexNet 网络与 Yann LeCun 等人提出的 LeNet 网络具有非常相似的架构，但每层有过滤器，并有堆叠的卷积层。它由 11×11、5×5、3×3、卷积、最大池化、

Dropout、数据增强、ReLU 激活、具有动量的 SGD 组成。它在每个卷积层和全连接层之后附加 ReLU 激活。

在图 4-24 中，AlexNet 包含 8 个带权重的层；前 5 个是卷积的，其余 3 个是全连接的。最后一个全连接层的输出被馈送到 1 000 路 Softmax，它产生 1 000 个类别标签的分布。网络最大化多项逻辑回归目标，这相当于最大化预测分布下正确标签的对数概率的训练案例平均值。第二个、第四个和第五个卷积层的内核仅连接到前一层中位于同一 GPU 上的内核映射。第三个卷积层的内核连接到第二层的所有内核映射。

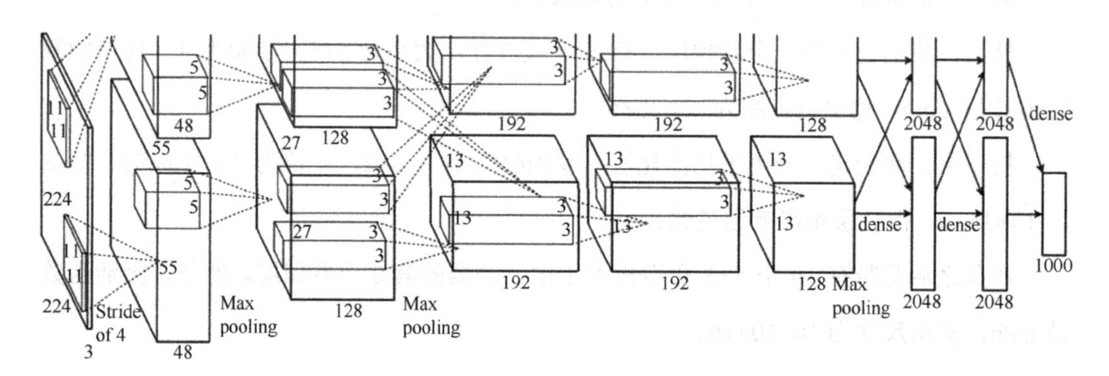

图 4-24　AlexNet 网络架构图

简而言之，AlexNet 包含 5 个卷积层和 3 个全连接层。ReLU 是在非常卷积和完全连接的层之后应用的。Dropout 在第一个和第二个完全连接的年份之前应用。该网络有 6 230 万个参数，在前向传递中需要 11 亿个计算单元。我们还可以看到卷积层占所有参数的 6%，消耗了 95%的计算量。

4.8.3　VGG16

VGG 版本很多，常用的是 VGG16、VGG19。本小节重点介绍 VGG16。

VGG16 是牛津大学 K. Simonyan 和 A. Zisserman 在 *Very Deep Convolutional Networks for Large-Scale Image Recognition* 论文中提出的卷积神经网络模型，架构图

如图 4-25 所示。该模型在 ImageNet 中达到了 92.7%的 top-5 测试准确率，这是一个包含 1000 个类别的超过 1 400 万张图像的数据集。它通过用多个 3×3 内核大小的过滤器一个接一个替换大内核的过滤器（第一个和第二个卷积层中内核分别为 11 和 5）来改进 AlexNet。

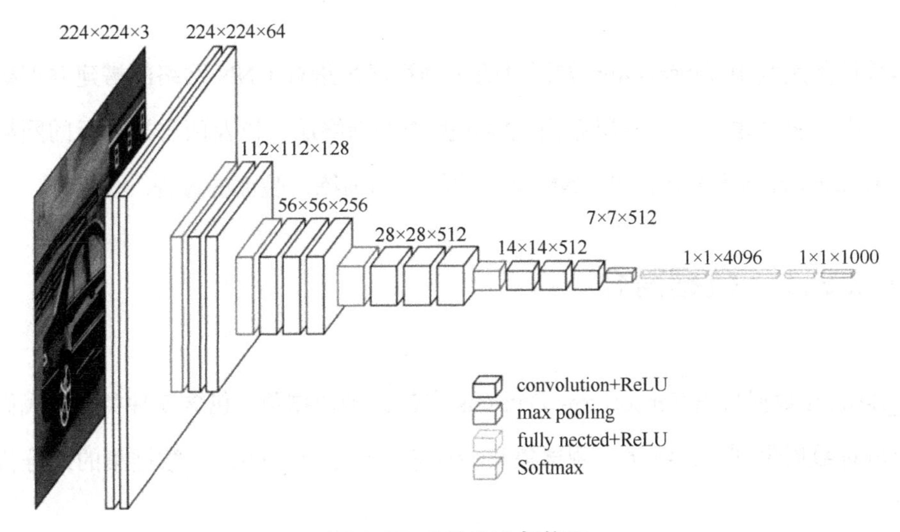

图 4-25　VGG16 架构图

cov1 层的输入是固定大小的 224×224 RGB 图像。图像通过一堆卷积层，其中，过卷积核使用非常小的感受野：3×3。在其中一种配置中，它还使用了 1×1 卷积核，可以将其视为输入通道的线性变换。卷积步长固定为 1 个像素；填充 conv 空间。层输入是这样的，即卷积后保留空间分辨率，即对于 3×3 卷积，填充为 1 像素。空间池化由 5 个最大池化层执行。最大池化在 2×2 像素窗口上执行。在一堆卷积层（在不同架构中具有不同的深度）之后是三个全连接层：前两层各有 4 096 个通道，第三层包含 1 000 个通道（每个通道一个类别）。最后一层是 Softmax 层。全连接层的配置在所有网络中都是相同的。

4.9 卷积神经网络案例

本节任务是利用 TensorFlow 教程里的示例程序来进行 CNN 网络的搭建并训练。在这个案例中，将搭建一个由三层卷积及池化操作的网络层，以及两层神经元的网络，从读取 tf_flowers 数据集开始，到 CNN 网络的搭建和训练、验证的过程。

4.9.1 数据简介

tf_flowers 数据集是 TensorFlow Datasets 中的一种数据集，包含 5 种类别。我们首先要做的是对数据集划分训练集、测试集和验证集。对于 tf_flowers 数据集的划分代码如下所示。

```
# 使用load()函数加载我们需要的tf_flowers数据集
# 并对其进行训练集、测试集、验证集的划分
(train_ds, val_ds, test_ds), metadata = tfds.load(
    'tf_flowers',
    split=['train[:80%]', 'train[80%:90%]', 'train[90%:]'],
    with_info=True,
    as_supervised=True,
)
```

4.9.2 数据处理

首先，获取数据集的种类数，再将对图片数据进行转化同时重置图片大小的方法封装为一个函数，这样可以同时在训练集和验证集中使用数据集。

```
# 通过返回的元数据获得数据集的类别大小
```

```
num_classes = metadata.features['label'].num_classes
print(num_classes)

# 设置数据集训练时图片提取数量及图片重置大小尺寸
batch_size = 64
IMG_SIZE = 32


# 定义调整大小和重新缩放函数:
# 该函数对图片数据进行转化同时重置图片大小
# 返回图片数据和特征分类标签
def resize_and_rescale(image, label):
    image = tf.cast(image, tf.float32)
    image = tf.image.resize(image, [IMG_SIZE, IMG_SIZE])
    return image, label

# 定义自动调整的常量
AUTOTUNE = tf.data.AUTOTUNE
# 分别对数据集进行打乱、调整大小和重新缩放、分批和预取
train_ds = (
    train_ds
        .shuffle(1000)
        .map(lambda x, y: (resize_and_rescale(x, y)))
        .batch(batch_size)
        .prefetch(AUTOTUNE)
)
val_ds = (
    val_ds
        .map(lambda x, y: (resize_and_rescale(x, y)))
        .batch(batch_size)
        .prefetch(AUTOTUNE)
)
test_ds = (
    test_ds
        .map(lambda x, y: (resize_and_rescale(x, y)))
```

```
        .batch(batch_size)
        .prefetch(AUTOTUNE)
)
```

其中，需要注意的地方：一是对于获取数据集的图片的数据类型的转换；二是对于数据集里图片大小的不确定因素，我们需要将它规定到固定的大小。

总体来看，这段代码最核心的地方是对于 map()函数的使用规范，以及在做图像识别的案例过程中对于图像处理时，数据集的 shape 一定要符合输入卷积层的规范。

到这里，初步的数据处理就结束了，读者可以仔细阅读以上代码，并付诸实践，这有助于完成后续其他的数据集读取与处理任务。

4.9.3 模型搭建

首先，让我们来搭建 CNN 网络模型，卷积层分别为 16、32、64 个卷积核（大小为 3×3）的卷积，再加上两个全连接的隐藏层，有 128 个神经元，输出则是一个有数据集分类数的神经元，激活函数为 relu 的全连接层。

模型的编译参数则选择基础模块，采用 Adam 优化器，损失函数采用稀疏分类交叉熵函数，函数则使用 accuracy，对应代码如下。

```
# 创建一个“顺序”模型实例：
# 三个卷积三个池化，以及两个dense层
model = tf.keras.Sequential([
    layers.Conv2D(16, 3, padding='same', activation='relu'),
    layers.MaxPooling2D(),
    layers.Conv2D(32, 3, padding='same', activation='relu'),
    layers.MaxPooling2D(),
    layers.Conv2D(64, 3, padding='same', activation='relu'),
    layers.MaxPooling2D(),
    layers.Flatten(),
    layers.Dense(128, activation='relu'),
    layers.Dense(num_classes)
])
```

```
    # 编译CNN模型实例
    model.compile(optimizer='adam',

loss=tf.keras.losses.SparseCategoricalCrossentropy(from_logits=True),
              metrics=['accuracy'])
```

使用 TensorFlow 快速完成模型搭建后，接下来进行训练，并测试一下模型效果。模型训练的代码如下：

```
    # 设置训练迭代次数、验证集
    epochs = 10
    history = model.fit(
        train_ds,
        validation_data=val_ds,
        epochs=epochs
    )
```

执行训练后，我们需要对模型进行测试，测试模型的代码如下：

```
    # 对最终模型进行测试评估
    acc = model.evaluate(test_ds)
    print("Accuracy", acc)

        epochs=epochs
    )
```

训练及评估结果如图 4-26 所示。

```
Epoch 7/10
46/46 [==============================] - 2s 43ms/step - loss: 0.6555 - accuracy: 0.7587 - val_loss: 1.1905 - val_accuracy: 0.5722
Epoch 8/10
46/46 [==============================] - 2s 44ms/step - loss: 0.5419 - accuracy: 0.8033 - val_loss: 1.3089 - val_accuracy: 0.5749
Epoch 9/10
46/46 [==============================] - 2s 44ms/step - loss: 0.4419 - accuracy: 0.8570 - val_loss: 1.3680 - val_accuracy: 0.5886
Epoch 10/10
46/46 [==============================] - 2s 44ms/step - loss: 0.3715 - accuracy: 0.8855 - val_loss: 1.5097 - val_accuracy: 0.5422
6/6 [==============================] - 0s 45ms/step - loss: 1.4325 - accuracy: 0.5232
Accuracy [1.4324904680252075, 0.5231607556343079]
```

图 4-26　结果图

4.9.4 总结

在本次任务中，利用卷积神经网络对 tf_flowers 的图片进行了分类识别。首先，从 TensorFlow Datasets 读取 tf_flowers，并将 tf_flowers 数据集拆分为三类数据集。验证数据集可以更好地观察模型的训练过程。卷积层、池化层的卷积核等参数的合理使用，可以使模型具有较好的分类识别能力。

完整代码如下。

代码 4-3

```
# 导入tensorflow、tensorflow_datasets、layers模块包
import tensorflow as tf
import tensorflow_datasets as tfds
from tensorflow.keras import layers

# 使用load()函数加载需要的tf_flowers数据集
# 并对其进行训练集、测试集、验证集的划分
(train_ds, val_ds, test_ds), metadata = tfds.load(
    'tf_flowers',
    split=['train[:80%]', 'train[80%:90%]', 'train[90%:]'],
    with_info=True,
    as_supervised=True,
)

# 通过返回的元数据获得数据集的类别大小
num_classes = metadata.features['label'].num_classes
print(num_classes)

# 设置数据集训练时图片提取数量及图片重置大小尺寸
batch_size = 64
IMG_SIZE = 32
```

```
# 定义调整大小和重新缩放函数：
# 该函数对图片数据进行转化的同时重置图片大小
# 返回图片数据和特征分类标签
def resize_and_rescale(image, label):
    image = tf.cast(image, tf.float32)
    image = tf.image.resize(image, [IMG_SIZE, IMG_SIZE])
    return image, label

# 定义自动调整的常量
AUTOTUNE = tf.data.AUTOTUNE
# 分别对数据集进行打乱、调整大小和重新缩放、分批和预取
train_ds = (
    train_ds
        .shuffle(1000)
        .map(lambda x, y: (resize_and_rescale(x, y)))
        .batch(batch_size)
        .prefetch(AUTOTUNE)
)
val_ds = (
    val_ds
        .map(lambda x, y: (resize_and_rescale(x, y)))
        .batch(batch_size)
        .prefetch(AUTOTUNE)

)
test_ds = (
    test_ds
        .map(lambda x, y: (resize_and_rescale(x, y)))
        .batch(batch_size)
        .prefetch(AUTOTUNE)

)

# 创建一个“顺序”模型实例：
# 3个卷积3个池化，以及2个dense层
```

```
model = tf.keras.Sequential([
    layers.Conv2D(16, 3, padding='same', activation='relu'),
    layers.MaxPooling2D(),
    layers.Conv2D(32, 3, padding='same', activation='relu'),
    layers.MaxPooling2D(),
    layers.Conv2D(64, 3, padding='same', activation='relu'),
    layers.MaxPooling2D(),
    layers.Flatten(),
    layers.Dense(128, activation='relu'),
    layers.Dense(num_classes)
])

# 编译CNN模型实例
model.compile(optimizer='adam',

loss=tf.keras.losses.SparseCategoricalCrossentropy(from_logits=True),
              metrics=['accuracy'])

# 设置训练迭代次数、验证集
epochs = 10
history = model.fit(
    train_ds,
    validation_data=val_ds,
    epochs=epochs
)

# 对最终模型进行测试评估
acc = model.evaluate(test_ds)
print("Accuracy", acc)
```

第 5 章

循环神经网络

5.1 什么是循环神经网络

在之前了解的神经网络（包括 CNN）中，输入之间是相互独立且没有关系的，这也和之前的神经网络应用场景有关系，例如，小明这次去不去看电影的决策只和三个决策源有关，而和上一次去不去看电影没有关系；人脸识别时，识别当前这个人的脸部信息，和之前其他人的脸部信息没有关系。

在部分场景中，输入与输入之间就需要比较强的联系。例如，自然语言识别的场景（如图 5-1 所示）。

最前沿的人工智能技术是 ______

⇩

最 – 前沿 – 的 – 人工智能 – 技术 – 是

图 5–1　自然语言识别

在自然语言处理场景中，语句被拆分为一个个的词，这些词将会作为输入，供神经网络判断语句的含义，很明显，每次词之间必须按顺序输入，同时，前后输入的词之间还需要有相关的联系。而循环神经网络（Recurrent Neural Network，RNN）就能够对相关输入顺序进行理解，如图 5-2 所示。

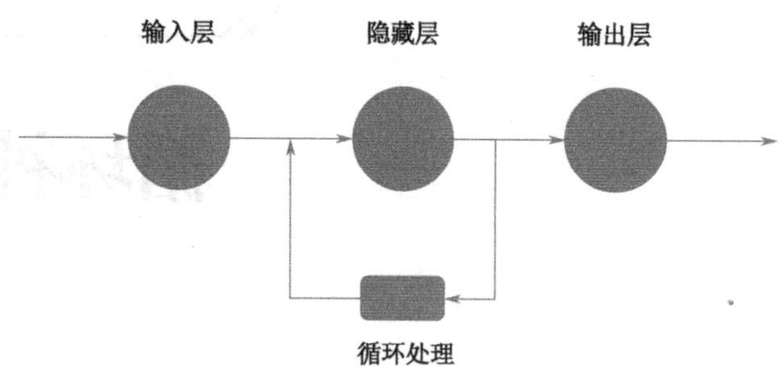

图 5–2　循环神经网络

循环神经网络输出结果如图 5-3 所示。RNN 与传统神经网络的最大区别就在于，每次都会将前一次的输出结果通过一定的处理带到下一次输入数据的隐藏层中，一起参与训练。

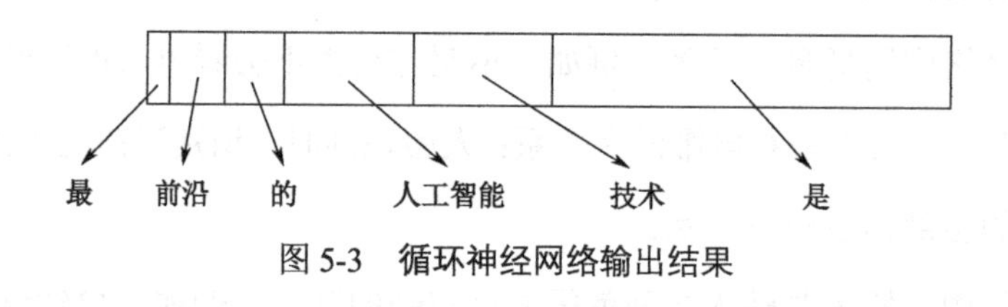

图 5-3　循环神经网络输出结果

例如，将“最前沿的人工智能技术是”这句自然语言输入循环神经网络后，每次都会按一定比例，将上次的输出再次作为输入参与训练中，那么在“是”这个词输入时，所有的参数都会起作用，但是占比会不同。通过这个例子，可以发现，RNN 可以处理输入之间的循环关系，但短期的记忆影响较大（如“是”这个最后输入的词），但是长期的记忆影响就很小（如“最”这个最初输入的词），这也是 RNN 存在的短期记忆问题。关于这点，长短期记忆网络（Long short-term memory，LSTM）提出了在多次学习过程中，只保存最重要信息的方法，用来解决短期记忆问题。

由于 RNN 可以有效处理输入数据间的连续性，也就相当于有了“记忆”的能力，使得 RNN 可以在自然语言处理、音频识别、股票价格走势、图像描述等方面有非常好的应用。

5.2 长短期记忆和门控循环单元

5.2.1 长短期记忆（LSTM）

由 Hochreiter & Schmidhuber (1997)开发的 Long Short Term Memory(LTSM)是 RNN 的特殊模式，它具有学习长期依赖关系和正确选择以解决各种深度问题的能力。这些是专门为应对长期依赖问题而设计的。默认情况下，它们可以记住很长一段时间内的信息。与 RNN 的重复模块的链状结构一样，LSTM 具有不同的重复模块结构，它具有以特殊方式相互交互的 4 个神经网络层的集合。

LSTM 架构的主要组成部分是细胞状态及其调节器。细胞状态是网络的记忆单元，其携带当前网络训练相关信息或者先前步骤的信息。这些信息被前一个细胞状态通过打开或关闭的门存储、写入或读取。控制门通过 sigmoid 或双曲正切（tanh）函数的元素点乘方法实现。sigmoid 激活函数中，输出值以非线性方式在 0 到 1 之间变化。此激活函数有助于更新或忘记数据。乘以 1，数据可以保留；乘以 0，数据被遗忘。tanh 激活函数也类似于 sigmoid 函数，输出值在-1 到 1 之间变化，并以 0 为中心。这些门类似于决定允许哪些信息进入细胞状态的神经网络节点。门有其权重，通过循环神经网络学习过程，决定在训练期间保留或忘记哪些相关信息。

一个经典的长短期记忆单元由 1 个细胞状态及 3 个门组成：1 个输入门、1 个输出门和 1 个遗忘门，并且包括其他非线性函数和逐点算子。简而言之，遗忘门决定了与先前细胞状态相关的内容。输入门决定在 LSTM 单元的当前细胞状态中哪些信息需要更新。输出门决定当前隐藏状态是否传递给下一个 LSTM 单元。LSTM 工作模型如图 5-4 所示。

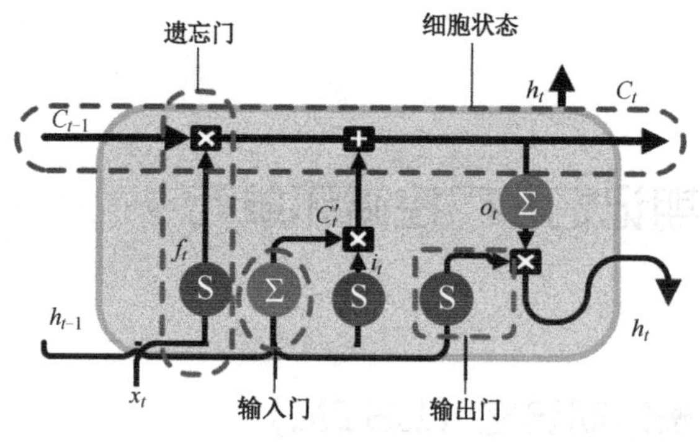

图 5-4　LSTM 工作模型

5.2.1.1　遗忘门

LSTM 工作模式中表示的第一个区域是遗忘门（f_t）（如图 5-5 所示）。来自当前输入（X_t）和先前隐藏状态（h_{t-1}）的信息通过 sigmoid 激活函数传递。该函数将在 0 到 1 的范围内转换输出值。输出值越接近 0，说明输出值无关紧要，遗忘门将输出值忘记；输出值越接近 1，说明输出值与细胞状态相关，遗忘门将输出值保留，并推向细胞状态进行下一步处理。

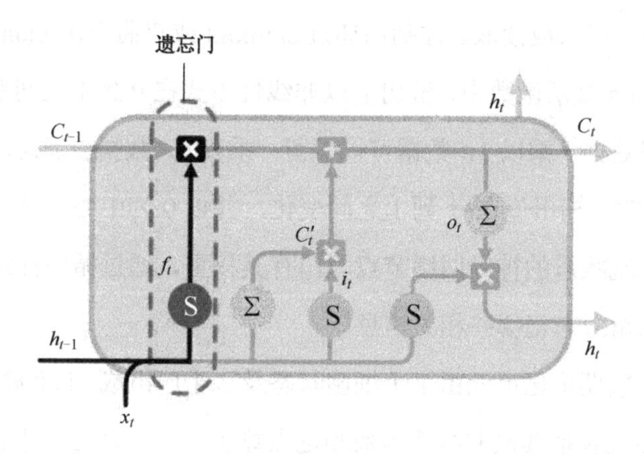

图 5-5　遗忘门

5.2.1.2 输入门

输入门作为细胞状态的输入，由两部分组成；首先，我们将先前的隐藏状态（h_t）和当前输入（X_t）传递给一个 Sigmoid 函数，Sigmoid 函数给出新的输入（i_t），同样在 0 到 1 的范围内，但不忽略任何信息；然后，将 h_t 和 X_t 传递到 tanh 函数中调节网络，该函数生成-1 到 1 范围内的输出；最后，将 tanh 输出（C'_t）与 Sigmoid 输出（i_t）相乘，以确定哪些信息对更新细胞状态更重要，如图 5-6 所示。

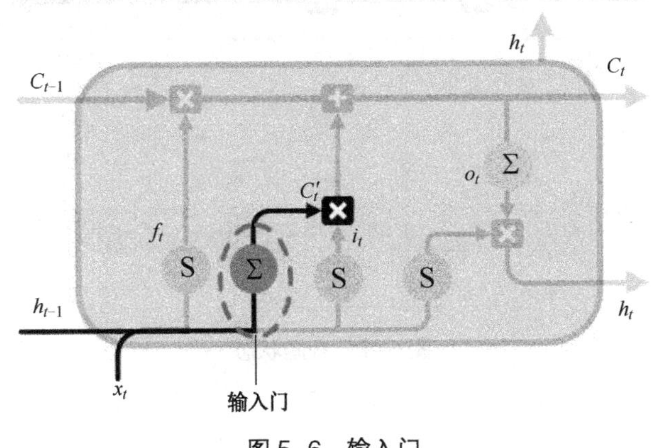

图 5-6 输入门

5.2.1.3 细胞状态

细胞状态充当 LSTM 结构的记忆单元。从图 5-7 细胞状态可以看出，当前细胞状态（C_t）等于来自上一个细胞状态的输入（C_{t-1}）与遗忘门输出（f_t）逐点相乘的值加上输入门的输入（C'_t*i_t），如公式所示。如果遗忘门输出为 0，那么它将丢弃之前的细胞状态输出（C_{t-1}）。（C_t）将成为下一个 LSTM 单元的输入。

$$\text{细胞状态}=(C_{t-1})\times(f_t)+(C_t)\times(i_t)$$

5.2.1.4 输出门

隐藏状态包含先前输入的信息，并用于预测。输出门调节当前的隐藏状态（h_t）。先前的隐藏状态（h_{t-1}）和当前输入（x_t）被传递给 Sigmoid 函数，该函数将输出（o_t）压缩到 0 到 1 的范围内。细胞状态信息 tanh 函数进行处理，并输出相应的值，该值与 O_t 相乘以获得当前隐藏状态（h_t）。当前状态（C_t）和当前隐藏状态（h_t）是 LSTM 单元的最终输出。

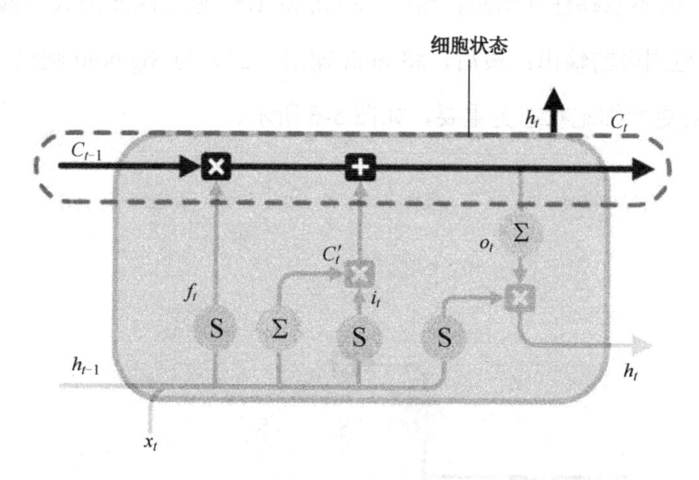

图 5-7　细胞状态

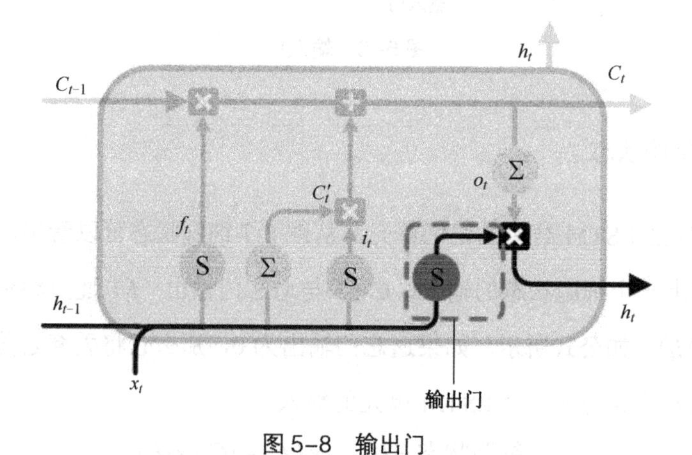

图 5-8　输出门

5.2.2 门控循环单元（GRU）

门控循环单元（GRU）是 LSTM 的变种，也是循环神经网络（RNN）的一种。不仅能够有效地保留顺序数据中的长期依赖关系，也可以解决困扰普通 RNN“短期记忆”问题。

GRU 将输入门和遗忘门的门控功能组合成一个简单的更新门。此外，细胞状态和隐藏输出组合成单个隐藏状态层，同时还包含中间和内部隐藏状态。它比 LSTM 简单一点，并且由于其简单性，训练速度比 LSTM 快一点。门控循环单元广泛用于序列到序列的学习，例如机器翻译、音乐和文本生成。

GRU 的结构允许它从大数据序列中自适应地捕获依赖关系，而不会丢弃来自序列早期部分的信息。这是通过其门控单元实现的，类似于 LSTM 中的门控单元，解决了传统 RNN 的梯度消失/爆炸问题。这些门负责调节每个时间步（time step）要保留或丢弃的信息。我们将在后面深入探讨这些门如何工作，以及它们如何克服上述问题的细节。

GRU 保持长期依赖或记忆的能力源于 GRU 细胞运算生成的隐藏状态。在 LSTM 中，长期记忆和短期记忆分别依赖细胞状态和隐藏状态这两种不同的状态在记忆细胞之间传递信息。和 LSTM 不同，GRU 在时间步之间只有隐藏状态在不断更新。隐藏状态之所以能够同时保持长期和短期依赖关系，归功于输入数据和隐藏状态经历的门控机制和运算。

GRU 单元只包含两个门：更新门和重置门。就像 LSTM 中的门一样，GRU 中的这些门经过训练，可以选择性地过滤掉不相关信息，同时保留相关信息。这些门的输出值的范围在 0 到 1 之间。如果输出值接近 0，那么意味着对应隐藏状态元素为 0，即丢弃上一时间步的隐藏状态。如果输出值接近 1，那么表示保留上一时间步的隐藏状态，这些值将与输入数据和 tanh 函数进行进一步运算得到新的隐藏状态。

GRU 架构如图 5-9 所示。由于连接数量众多，该架构看起来相当复杂。

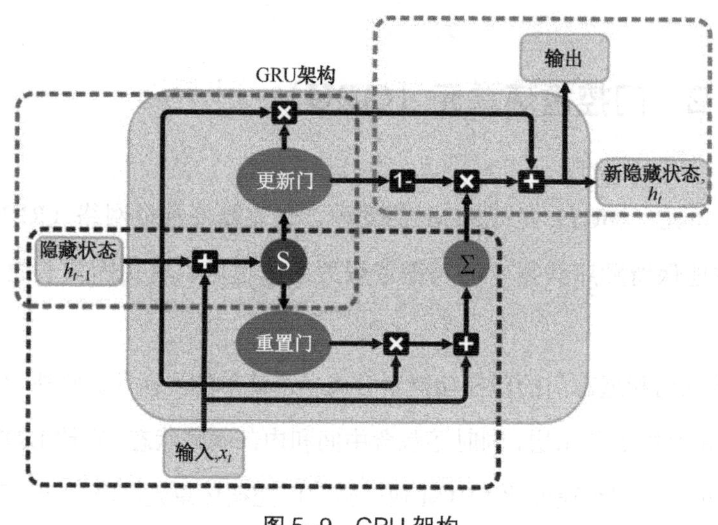

图 5-9　GRU 架构

5.2.2.1　重置门

如图 5-10 所示，将上一时间步的隐藏状态和当前输入与其各自的权重相乘，再相加，总和在 Sigmoid 函数中进行计算，Sigmoid 函数输出值在 0 到 1 之间，重置门根据该值判断是否保留或者丢弃上一时间步的隐藏状态。重置门的输出 $\text{Output}_{\text{reset}}$ 的计算过程如下：

$$\text{Output}_{\text{reset}} = \sigma(W_{\text{ir}} \cdot x_t + W_{\text{hr}} \cdot h_{t-1})$$

其中，W_{ir} 和 W_{hr} 是权重参数，x_t 是当前输入，h_{t-1} 是上一时间步的隐藏状态。当整个网络通过反向传播进行训练时，上式中的权重将被更新，这样重置门将学会只保留有用的特征。

接下来，上一时间步的隐藏状态 h_{t-1} 与权重 W_{h1} 相乘，然后和重置门输出 $\text{Output}_{\text{reset}}$ 逐点相乘。此操作将决定将上一时间步中的哪些信息与当前输入一起保留。同时，当前输入还将和权重 W_{x1} 相乘，然后再与刚才逐点相乘的结果相加，最后，非线性激活 tanh 函数将应用于最终结果以获得以下等式中的 r，该结果将作为隐藏状态步骤的输入：

$$r = \tanh(\text{Output}_{\text{reset}} \odot (W_{h1} \cdot h_{t-1}) + W_{x1} \cdot x_t)$$

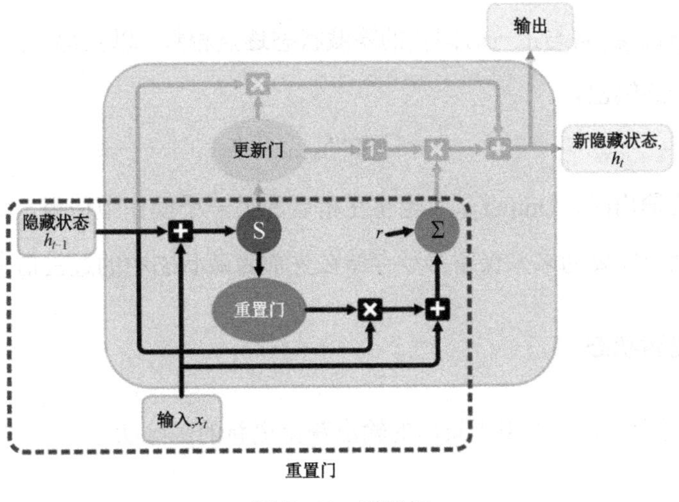

图 5-10 重置门

5.2.2.2 更新门

如图 5-11 所示，更新门同样是将上一时间步的隐藏状态和当前输入与其各自的权重相乘，再相加，总和在 Sigmoid 函数中进行计算，更新门根据该值判断是否保留或者丢弃上一时间步的隐藏状态。更新门的输出 $\text{Output}_{\text{update}}$ 的计算过程如下：

$$\text{Output}_{\text{update}} = \sigma(W_{\text{iu}} \cdot x_t + W_{\text{hu}} \cdot h_{t-1})$$

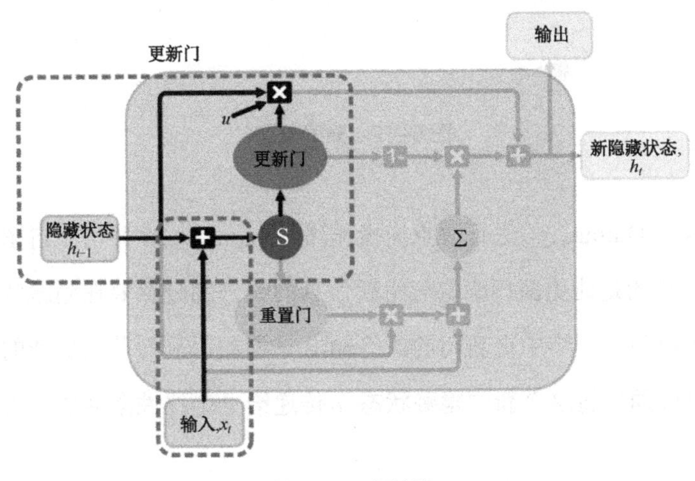

图 5-11 更新门

最后，$\text{Output}_{\text{update}}$ 将与上一时间步的隐藏状态逐点相乘，以获得下面等式中的 u，稍后将用于计算最终输出。

$$u = \text{Output}_{\text{update}} \odot h_{t-1}$$

在获得最终输出时，$\text{Output}_{\text{update}}$ 也将在稍后的另一个操作中使用。此处更新门的目的是帮助模型确定需要为未来保留多少存储在先前隐藏状态中的过去信息。

5.2.2.3 隐藏状态

如图 5-12 所示，我们将用更新门的输出获得更新的隐藏状态。

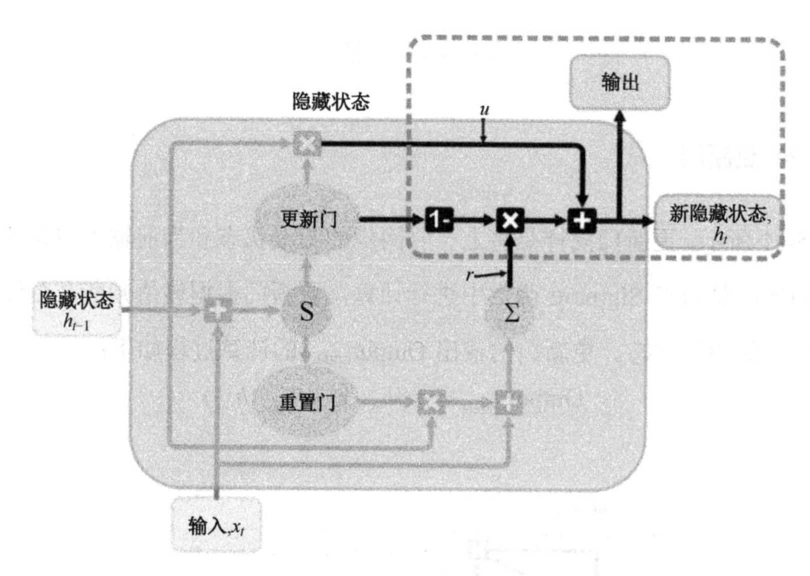

图 5-12　隐藏状态

对更新门输出 $\text{Output}_{\text{update}}$ 进行逐点逆操作($1-\text{Output}_{\text{update}}$)，并与来自重置门的最终输出 r 逐点相乘。目的是让更新门确定应将新信息的哪一部分存储在隐藏状态中。最后，上述操作的结果将与上一步中更新门的最终输出 u 相加，从而获得更新的隐藏状态 h_t。同时，我们也可以通过将这个新的隐藏状态 h_t 传递给一个线性激活层，用作当前时间步的输出。

$$h_t = r \odot (1 - \text{Output}_{\text{update}}) + u$$

5.3 双向循环神经网络

双向循环神经网络（BRNN）的原理是将一个常规 RNN 的状态神经元分成两个方向，一个为正时间方向（前向状态），另一个为负时间方向（后向状态）。前向状态的输出是不连接到后向状态的输入，反之亦然。双向循环神经网络结构如图 5-13 所示。通过使用两个时间方向，可以使用来自当前时间步过去和未来的输入信息，而标准 RNN 需要延迟以包含未来信息。

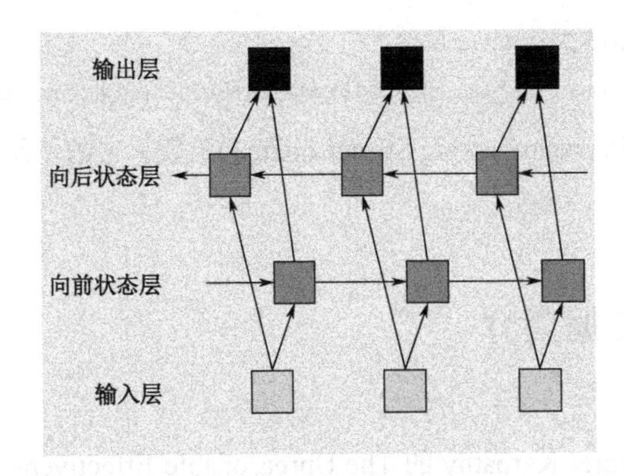

图 5-13　双向循环神经网络结构

可以使用与 RNN 类似的算法来训练 BRNN，因为两种状态神经元没有任何交互。然而，因为更新输入和输出层不能一次完成，导致当应用时间反向传播时，需要额外的过程。对于前向传递，首先传递前向状态和后向状态，然后传递输出神经元。对于后向传递，首先传递输出神经元，然后传递前向状态和后向状态。在完成向前和向后传递后，更新权重。

5.4 深度循环神经网络案例

本节以 TensorFlow 的 RNN 示例演示了如何使用基于字符的 RNN 生成文本。在训练开始时，模型不知道如何拼写一个英文单词，或者如何拼写一个文本单元。

5.4.1 准备操作

导入 TensorFlow 及所需模块包代码如下：

```
import os
import tensorflow as tf
from tensorflow.keras.layers.experimental import preprocessing
```

这里，我们要用到 preprocessing.StringLookup()函数。它的作用是将字符串从词汇表映射到整数索引。

5.4.2 数据简介

本节使用来自 Andrej Karpathy 的 The Unreasonable Effectiveness of Recurrent Neural Networks 的莎士比亚作品数据集。

通过 tf.keras.utils 的 get_file 方法从指定数据集站点下载 shakespeare.txt 数据集：

```
# 下载莎士比亚数据集
path_to_file = tf.keras.utils.get_file('shakespeare.txt',
'https://storage.googleapis.com/download.tensorflow.org/data/shakespeare.t
xt')
```

下载数据集过后，我们要对数据集进行检查是否下载正确，以及对于其中文本进行初步处理：

```
        # 读取文件
        text = open(path_to_file, 'rb').read().decode(encoding='utf-8')
        # 文本的长度是其中的字符数
        print(f'Length of text: {len(text)} characters')
        # 查看文本中的前 250 个字符
        print(text[:250])
        # 文件中的唯一字符
        vocab = sorted(set(text))
        print(f'{len(vocab)} unique characters')
```

5.4.3 数据处理

对于前面数据唯一字符化后的文本进行进一步加工处理，将文本字符串转化成数字表示。以下是将 shakespeare.txt 数据集的字符串转换为向量的操作代码：

```
        # 处理文本
# 向量化文本
example_texts = ['abcdefg', 'xyz']
chars = tf.strings.unicode_split(example_texts, input_encoding='UTF-8')

# 创建 `preprocessing.StringLookup` 层：
ids_from_chars = preprocessing.StringLookup(
    vocabulary=list(vocab), mask_token=None)

# 它将表单标记转换为字符 ID
ids = ids_from_chars(chars)

chars_from_ids = tf.keras.layers.experimental.preprocessing.StringLookup(
    vocabulary=ids_from_chars.get_vocabulary(), invert=True,
mask_token=None)
```

```
# 该层从 ID 向量中恢复字符，并将它们作为字符的 `tf.RaggedTensor` 返回:
chars = chars_from_ids(ids)

# 将字符连接回字符串
tf.strings.reduce_join(chars, axis=-1).numpy()
def text_from_ids(ids):
    return tf.strings.reduce_join(chars_from_ids(ids), axis=-1)
```

对于 RNN 中的训练，需要一个(input, label)成对的数据集。在每个时间步，输入是当前字符，标签是下一个字符。为了形成这样的数据集，需要对数据集进行以下操作：

```
# 数据集处理
all_ids = ids_from_chars(tf.strings.unicode_split(text, 'UTF-8'))
ids_dataset = tf.data.Dataset.from_tensor_slices(all_ids)

for ids in ids_dataset.take(10):
    print(chars_from_ids(ids).numpy().decode('utf-8'))

seq_length = 100
examples_per_epoch = len(text) // (seq_length + 1)

# 将这些单个字符转换为所需大小的序列
sequences = ids_dataset.batch(seq_length + 1, drop_remainder=True)
for seq in sequences.take(1):
    print(chars_from_ids(seq))

# 将标记重新连接到字符串中，更容易看到这是做什么的
for seq in sequences.take(5):
    print(text_from_ids(seq).numpy())

# 将序列作为输入，复制并移动它以对齐每个时间步的输入和标签
def split_input_target(sequence):
    input_text = sequence[:-1]
    target_text = sequence[1:]
    return input_text, target_text
```

```
split_input_target(list("Tensorflow"))
dataset = sequences.map(split_input_target)
for input_example, target_example in dataset.take(1):
    print("Input :", text_from_ids(input_example).numpy())
    print("Target:", text_from_ids(target_example).numpy())
```

在上述操作完成过后，我们要将文本拆分为可管理的序列，并且使得这些数据在输入模型之前，对数据进行打乱，并将其打包成批次：

```
# 创建训练批次
# 批量大小
BATCH_SIZE = 64

# 打乱数据集的缓冲区大小
BUFFER_SIZE = 10000

dataset = (
    dataset
        .shuffle(BUFFER_SIZE)
        .batch(BATCH_SIZE, drop_remainder=True)
        .prefetch(tf.data.experimental.AUTOTUNE)
)
```

到这里，数据处理就结束了。接下来就是最重要的网络模型搭建了，让我们一起来实现吧！

5.4.4 网络模型搭建

本节将模型定义为 keras.Model 子类（详细信息，请参阅通过子类化创建新层和模型相关内容）。该模型分为 3 层：

tf.keras.layers.Embedding：输入层。一个可训练的查找表，将每个字符 ID 映射到具有 embedding_dim 维度的向量。

tf.keras.layers.GRU：一种具有大小的 RNN units=rnn_units（可以在此处使用 LSTM 层）。

tf.keras.layers.Dense：输出层。有 vocab_size 输出。它为词汇表中的每个字符输出一个 logit。

代码如下：

```
    # 建立模型
    # 以字符为单位的词汇长度
    vocab_size = len(vocab)
    # 嵌入维度
    embedding_dim = 256
    # RNN 单元数
    rnn_units = 1024

    # 自定义网络层
    class MyModel(tf.keras.Model):
        def __init__(self, vocab_size, embedding_dim, rnn_units):
            super().__init__(self)
            self.embedding = tf.keras.layers.Embedding(vocab_size,
embedding_dim)
            self.gru = tf.keras.layers.GRU(rnn_units,
                                           return_sequences=True,
                                           return_state=True)
            self.dense = tf.keras.layers.Dense(vocab_size)

        def call(self, inputs, states=None, return_state=False,
training=False):
            x = inputs
            x = self.embedding(x, training=training)
            if states is None:
                states = self.gru.get_initial_state(x)
            x, states = self.gru(x, initial_state=states,
training=training)
            x = self.dense(x, training=training)

            if return_state:
```

```
            return x, states
        else:
            return x
```

自定义 MyModel 后，对其进行初始化：

```
model = MyModel(
    # 确保词汇量大小与 `StringLookup` 层匹配
    vocab_size=len(ids_from_chars.get_vocabulary()),
    embedding_dim=embedding_dim,
    rnn_units=rnn_units)
```

在模型建立并初始化完成后，需要运行模型以查看它的行为是否符合预期，代码如下：

```
for input_example_batch, target_example_batch in dataset.take(1):
    example_batch_predictions = model(input_example_batch)
    print(example_batch_predictions.shape, "# (batch_size,
sequence_length, vocab_size)")

model.summary()
```

在上面的例子中，输入的序列长度是 100，打印出来的结果与输入一致，如图 5-14 所示。

```
(64, 100, 66) # (batch_size, sequence_length, vocab_size)
```

图 5-14　结果图

5.4.5　模型训练

此时，文本训练的问题可以被视为一个标准的分类问题，给定之前的 RNN 状态和这个时间步的输入，预测下一个字符的类别。

损失函数选取标准 tf.keras.losses.sparse_categorical_crossentropy 损失函数，在这种情况下有效，因为它应用于预测的最后一个维度。

代码如下：

```
# 训练模型
loss = tf.losses.SparseCategoricalCrossentropy(from_logits=True)

example_batch_loss = loss(target_example_batch,
example_batch_predictions)
mean_loss = example_batch_loss.numpy().mean()
print("Prediction shape: ", example_batch_predictions.shape, " #
(batch_size, sequence_length, vocab_size)")
print("Mean loss:        ", mean_loss)

tf.exp(mean_loss).numpy()

# 使用 `tf.keras.Model.compile` 方法配置训练过程，并指定优化器和损失函数
model.compile(optimizer='adam', loss=loss)
```

在模型的训练过程中，会出现最优模型。但它会出现在训练过程中，而不是出现在训练结束时。这时我们可以配置检查点。

代码如下：

```
# 配置检查点
# 使用 `tf.keras.callbacks.ModelCheckpoint` 来确保在训练期间保存检查点
# 保存检查点的目录
checkpoint_dir = './training_checkpoints'
# 设置检查点文件的名称
checkpoint_prefix = os.path.join(checkpoint_dir, "ckpt_{epoch}")

checkpoint_callback = tf.keras.callbacks.ModelCheckpoint(
    filepath=checkpoint_prefix,
    save_weights_only=True)
```

最后执行训练。为了保持合理的训练时间，使用 10 个 epoch 来训练模型，代码如下：

```
# 执行训练
# 为了保持合理的训练时间，使用 10 个 epoch 来训练模型。
EPOCHS = 20
```

```
    history = model.fit(dataset, epochs=EPOCHS,
callbacks=[checkpoint_callback])
```

5.4.6 小结

基于 RNN 的深度学习模型在小批量文本（每 100 个字符）上进行了训练，并且仍然能够生成具有连贯结构的更长文本序列。在处理文本的过程中涵盖了矢量化文本、创建训练示例和目标、创建训练批次等方法。在训练模型时采用对于预测有效的 SparseCategoricalCrossentropy 损失函数。为了保持合理的训练时间，使用 20 个 epoch 来训练模型。最终会得到合适的模型，成功生成文本。

完整代码如下。

代码 5-1

```
    import os
    import tensorflow as tf
    from tensorflow.keras.layers.experimental import preprocessing


    # 下载莎士比亚数据集
    path_to_file = tf.keras.utils.get_file('shakespeare.txt',

'https://storage.googleapis.com/download.tensorflow.org/data/shakespeare.t
xt')

    # 读取文件
    text = open(path_to_file, 'rb').read().decode(encoding='utf-8')
    # 文本的长度是其中的字符数
    print(f'Length of text: {len(text)} characters')
    # 查看文本中的前 250 个字符
    print(text[:250])
    # 文件中的唯一字符
    vocab = sorted(set(text))
    print(f'{len(vocab)} unique characters')
```

```
# 处理文本
# 向量化文本
example_texts = ['abcdefg', 'xyz']
chars = tf.strings.unicode_split(example_texts,
input_encoding='UTF-8')

# 创建 `preprocessing.StringLookup` 层:
ids_from_chars = preprocessing.StringLookup(
    vocabulary=list(vocab), mask_token=None)

# 它将表单标记转换为字符 ID
ids = ids_from_chars(chars)

chars_from_ids =
tf.keras.layers.experimental.preprocessing.StringLookup(
    vocabulary=ids_from_chars.get_vocabulary(), invert=True,
mask_token=None)

# 该层从 ID 向量中恢复字符，并将它们作为字符的 `tf.RaggedTensor` 返回:
chars = chars_from_ids(ids)

# 将字符连接回字符串
tf.strings.reduce_join(chars, axis=-1).numpy()
def text_from_ids(ids):
    return tf.strings.reduce_join(chars_from_ids(ids), axis=-1)

# 数据集处理
all_ids = ids_from_chars(tf.strings.unicode_split(text, 'UTF-8'))
ids_dataset = tf.data.Dataset.from_tensor_slices(all_ids)

for ids in ids_dataset.take(10):
    print(chars_from_ids(ids).numpy().decode('utf-8'))

seq_length = 100
```

```
examples_per_epoch = len(text) // (seq_length + 1)

# 将这些单个字符转换为所需大小的序列
sequences = ids_dataset.batch(seq_length + 1, drop_remainder=True)
for seq in sequences.take(1):
    print(chars_from_ids(seq))

# 将标记重新连接到字符串中，更容易看到这是做什么的
for seq in sequences.take(5):
    print(text_from_ids(seq).numpy())

# 将序列作为输入，复制并移动它以对齐每个时间步的输入和标签
def split_input_target(sequence):
    input_text = sequence[:-1]
    target_text = sequence[1:]
    return input_text, target_text


split_input_target(list("Tensorflow"))
dataset = sequences.map(split_input_target)
for input_example, target_example in dataset.take(1):
    print("Input :", text_from_ids(input_example).numpy())
    print("Target:", text_from_ids(target_example).numpy())

# 创建训练批次
# 批量大小
BATCH_SIZE = 64

# 打乱数据集的缓冲区大小
BUFFER_SIZE = 10000

dataset = (
    dataset
        .shuffle(BUFFER_SIZE)
        .batch(BATCH_SIZE, drop_remainder=True)
```

```
            .prefetch(tf.data.experimental.AUTOTUNE)
    )

    # 建立模型
    # 以字符为单位的词汇长度
    vocab_size = len(vocab)
    # 嵌入维度
    embedding_dim = 256
    # RNN 单元数
    rnn_units = 1024

    # 自定义网络层
    class MyModel(tf.keras.Model):
        def __init__(self, vocab_size, embedding_dim, rnn_units):
            super().__init__(self)
            self.embedding = tf.keras.layers.Embedding(vocab_size,
embedding_dim)
            self.gru = tf.keras.layers.GRU(rnn_units,
                                           return_sequences=True,
                                           return_state=True)
            self.dense = tf.keras.layers.Dense(vocab_size)

        def call(self, inputs, states=None, return_state=False,
training=False):
            x = inputs
            x = self.embedding(x, training=training)
            if states is None:
                states = self.gru.get_initial_state(x)
            x, states = self.gru(x, initial_state=states,
training=training)
            x = self.dense(x, training=training)

            if return_state:
                return x, states
            else:
```

```
            return x


    model = MyModel(
        # 确保词汇量大小与 `StringLookup` 层匹配
        vocab_size=len(ids_from_chars.get_vocabulary()),
        embedding_dim=embedding_dim,
        rnn_units=rnn_units)


    for input_example_batch, target_example_batch in dataset.take(1):
        example_batch_predictions = model(input_example_batch)
        print(example_batch_predictions.shape, "# (batch_size,
sequence_length, vocab_size)")

    model.summary()

    # 训练模型
    loss = tf.losses.SparseCategoricalCrossentropy(from_logits=True)

    example_batch_loss = loss(target_example_batch,
example_batch_predictions)
    mean_loss = example_batch_loss.numpy().mean()
    print("Prediction shape: ", example_batch_predictions.shape, " #
(batch_size, sequence_length, vocab_size)")
    print("Mean loss:        ", mean_loss)

    tf.exp(mean_loss).numpy()

    # 使用 `tf.keras.Model.compile` 方法配置训练过程，并指定优化器和损失函数
    model.compile(optimizer='adam', loss=loss)

    # 配置检查点
    # 使用 `tf.keras.callbacks.ModelCheckpoint` 来确保在训练期间保存检查点
    # 保存检查点的目录
```

```
    checkpoint_dir = './training_checkpoints'
    # 设置检查点文件的名称
    checkpoint_prefix = os.path.join(checkpoint_dir, "ckpt_{epoch}")

    checkpoint_callback = tf.keras.callbacks.ModelCheckpoint(
        filepath=checkpoint_prefix,
        save_weights_only=True)

    # 执行训练
    # 为了保持合理的训练时间，使用 20 个 epoch 来训练模型。
    EPOCHS = 20
    history = model.fit(dataset, epochs=EPOCHS,
callbacks=[checkpoint_callback])
```

第6章 迁移学习

6.1 什么是迁移学习

迁移学习是人类与生俱来的能力。人类能够轻松地将从一项任务中学到的知识迁移到另一个类似的任务中。比如，如果我们学会了如何骑自行车，你就可以很容易地学会骑摩托车；如果我们学会了打乒乓球，再学习打网球就比较简单。在传统的深度学习中，单个模型只被训练用来学习一种类型的任务。要学习另一项任务，我们必须从头开始重新构建模型。为了克服这个限制，迁移学习成为训练深度神经网络的流行方法之一。它通常用于数据集量较小的图像分类任务。

迁移学习是深度学习中的一种技术，目的是重用预先训练的深度学习模型来解决不同但具有相关性的问题。例如，当前有一个针对野生动物分类训练的图像分类模型。我们可以使用这个预训练模型对犬种进行分类。预训练模型通常在大量数据集上进行训练，比如野生动物数据集，我们直接使用来自预训练模型的权重来初始化犬种分类模型的权重，这样可以减少训练时间和泛化误差。由于需要大量的计算能力，迁移学习主要用于计算机视觉和自然语言处理任务。

6.2 迁移学习的工作原理

在深度卷积神经网络（CNN）中，我们有不同的层（卷积层、池化层）可以从数据中学习不同的特征。这些特征最终形成了整个深度神经网络。最后一层的功能是根据这些特征执行特定的任务。由于卷积、池化等隐藏层由通用特征组成，可以很容易地用于其他类似的任务。而最后一层或分类器层由特定任务的特征组成，这些特征需要从新的数据集中学习。所以在迁移学习中，我们直接使用这些中间层，这样可以利用预训练模型在上一个任务中学习到的特征，并且只训练最后一层用于完成我们的特定任务。迁移学习过程如图 6-1 所示。

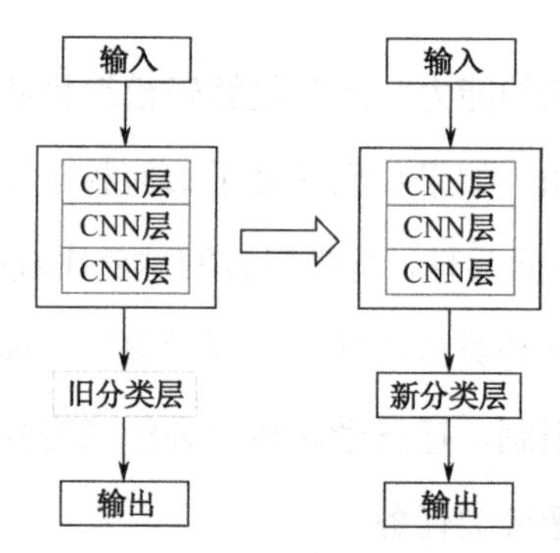

图 6-1 迁移学习过程

让我们回到训练模型以识别犬种类别的例子，该模型将用于识别野生动物。在前面的层中，模型已经学会了识别物体，因此我们只会重新训练后面的层，以便它学习将野生动物与其他普通动物区分开来的特征。

6.3 迁移学习的优势

现在假设有 100 张猫和 100 张狗的图像，并且需要构建一个模型来对图像进行分类。我们将如何使用这个小数据集训练模型？我们可以采用现有的深度学习方法从头开始训练你的模型，但由于数据集数量太小，模型很可能会严重过度拟合。这时候，我们可以采用迁移学习的方法训练模型，达到理想的效果。与现有方法相比，迁移学习具有以下 4 种优势。

1. 节省训练时间

训练高精度的模型需要庞大的数据集。例如，ImageNet 数据集包含超过 100 万张图像。就算有强大的计算资源，仍然需要等待数天或数周才能训练可以识别这种数据集的模型。使用预先训练的模型可以跳过隐藏层的训练过程，因此，可以节省大量的训练时间。

2. 需要较少的标记数据

深度神经网络由许多需要大量数据的参数组成。通过使用迁移学习方法，我们不会从头开始训练模型，因此，它需要的标记数据更少。

3. 更好的性能

我们可能没有在庞大的数据集上训练模型所需的计算资源。迁移学习可以使我们采用没有在大型数据集上训练模型所需的计算资源。因此，迁移学习很有意义。

4. 更好的泛化能力

这里我们使用的是预训练模型，该模型已经在各种数据上进行了训练。因此，即使在极端情况下，新形成的模型也会有更好的性能。这将使模型具有更好的泛化能力，并使其更加健壮。

6.4 迁移学习的方法

1. 样本迁移（Instance transfer:）

在目标任务上重用来自源域的所有知识将是非常理想的情况。实际情况是不能直接重用来自源域的数据。但是，我们可以重复使用来自源域的各种实例。源的这些实例被转移到目标任务。基于实例的方法比较源域中的训练样本和目标域中的样本之间有相似性。因此，需要调整在目标域中具有相似样本的源域样本的权重值。

2. 特征迁移（Feature-representation transfer）

特征可以被定义为一个由可以被分析的独立数据单元共享的属性。特征转移的目标是找到合适的特征表达。这些特征表达减少了源域和目标域之间的差异。

特征迁移技术减少了分类和回归模型的误差。此技术可用有监督或无监督的方法，但使用与否取决于标记数据的可用性。

3. 参数迁移（Parameter transfer）

模型参数是指模型内部的配置变量，其值可以从数据中估计出来。模型在进行预测时需要参数。超参数是模型外部的配置，其值无法从数据中估计出来。参数与特征不同，因为特征可以描述为定义模型输入选择的数据点。

理解特征和参数之间的差异是理解参数迁移和特征迁移之间差异的关键。特征迁移与特征表示有关，而参数迁移则侧重于发现共享参数。

参数传递是基于两个假设的。第一个是具有相关任务的模型共享一些参数。第二个是这些模型共享超参数的先验分布。因此，参数迁移技术旨在发现源域模型和目标域模型之间的共享参数。共享参数使得进行迁移学习成为可能。

4. 关系迁移（Relational-Knowledge Transfer）

关系转移映射出源域和目标域之间的关系知识。该方法涉及非独立同分布（IID）的数据。例如，网络数据和社交网络数据。关系迁移技术旨在将数据中的关系从源域转移到目标域。

6.5 微调

微调是迁移学习中的一个可选步骤。微调通常会提高模型的性能。但是，由于必须重新训练整个模型，因此，模型训练可能会过拟合。

过拟合是可以避免的。只需使用低学习率重新训练模型或重新训练模型的其中一部分。这很重要，因为它可以防止对梯度进行重大更新。这些更新会导致性能不佳。当模型停止改进时，使用回调来停止训练过程也很有用。

6.6 利用迁移学习对花进行分类

本节以TensorFlow的迁移学习示例演示了如何使用迁移学习通过预训练网络对花的图像进行分类。数据集可以从以下网址下载：http://storage.googleapis.com/download.tensorflow.org/example_images/flower_photos.tgz

6.6.1 准备操作

导入 TensorFlow 及所需模块包：

```
import os
import matplotlib.pyplot as plt
import tensorflow as tf
from tensorflow.keras.preprocessing import
image_dataset_from_directory
```

在本教程中，你将使用包含数千张花图像的数据集。导入相关的图像文件，然后使用 tf.keras.preprocessing.image_dataset_from_directory 函数创建一个 tf.data.Dataset 进行训练和验证。

```
# ### 数据导入
train_dir = os.path.join('flower_photos')

dataset = image_dataset_from_directory(train_dir,
                                       shuffle=True,
                                       batch_size=BATCH_SIZE,
                                       image_size=IMG_SIZE)
```

导入数据转化为数据集后，需要将数据集进行划分，为后面数据的处理做准备：

```
#划分数据集
val_batches = tf.data.experimental.cardinality(dataset)
print(val_batches)
Test_dataset = dataset.take(val_batches // 5)
train_dataset = dataset.skip(val_batches // 5)
val_batches = tf.data.experimental.cardinality(Test_dataset)
test_dataset = Test_dataset.take(val_batches // 2)
validation_dataset = Test_dataset.skip(val_batches // 2)
```

6.6.2 数据处理

数据集中，数据直接应用到模型中是不合适的，需要将数据进行相应的处理：

```
# ### 配置数据集以提高性能
# 使用缓冲预提取从磁盘加载图像，以免造成 I/O 阻塞。
AUTOTUNE = tf.data.AUTOTUNE
train_dataset = train_dataset.prefetch(buffer_size=AUTOTUNE)
validation_dataset =
validation_dataset.prefetch(buffer_size=AUTOTUNE)
test_dataset = test_dataset.prefetch(buffer_size=AUTOTUNE)

# ### 使用数据扩充

# 当你没有较大的图像数据集时，最好将随机但现实的转换应用于训练图像（例如，旋转或
水平翻转）来人为引入样本多样性。
data_augmentation = tf.keras.Sequential([

tf.keras.layers.experimental.preprocessing.RandomFlip('horizontal'),
    tf.keras.layers.experimental.preprocessing.RandomRotation(0.2),
])
```

```
#重置图片像素大小
preprocess_input =
tf.keras.applications.mobilenet_v2.preprocess_input
rescale = tf.keras.layers.experimental.preprocessing.Rescaling(1. /
127.5, offset=-1)
```

到这里，数据处理就结束了，接下来就是网络模型搭建了，让我们一起来实现吧！

6.6.3 网络模型搭建

本节构建的模型是迁移学习模型。对于迁移学习中的训练，需要一个基础模型。在

此选择 MobileNet V2。冻结卷积基，在模型顶部添加分类器及训练分类器，需要做以下操作。

代码如下：

```
    # 从预训练模型 MobileNet V2 创建基础模型
    IMG_SHAPE = IMG_SIZE + (3,)
    base_model =
tf.keras.applications.MobileNetV2(input_shape=IMG_SHAPE,
                                  include_top=False,
                                  weights='imagenet')

    # 此特征提取程序将每个 `160x160x3` 图像转换为 `5x5x1280` 的特征块。我们看看它对一批示例图像做了些什么：
    image_batch, label_batch = next(iter(train_dataset))
    feature_batch = base_model(image_batch)
    print(feature_batch.shape)
    #冻结卷积基
    base_model.trainable = False
    #添加分类器
    global_average_layer = tf.keras.layers.GlobalAveragePooling2D()
    feature_batch_average = global_average_layer(feature_batch)
    print(feature_batch_average.shape)
    # 应用 `tf.keras.layers.Dense` 层将这些特征转换成每个图像一个预测。
    prediction_layer = tf.keras.layers.Dense(5)
    prediction_batch = prediction_layer(feature_batch_average)
    print(prediction_batch.shape)
    #将数据扩充、重新缩放、base_model 和特征提取程序层链接在一起来构建模型。如前面所述，由于我们的模型包含 BatchNormalization 层，因此请使用 training = False。
    inputs = tf.keras.Input(shape=(160, 160, 3))
    x = data_augmentation(inputs)
    x = preprocess_input(x)
    x = base_model(x, training=False)
    x = global_average_layer(x)
        0.x = tf.keras.layers.Dropout(0.2)(x)
    outputs = tf.keras.layers.Dense(5, activation=tf.nn.softmax)(x)
```

```
    model = tf.keras.Model(inputs, outputs)
```

6.6.4 模型训练

此时，对构建好的模型进行编译训练即可得到初次预测结果。

代码如下：

```
    # ### 编译模型
    # 在训练模型前，需要先编译模型。由于存在5个类，请将多分类交叉熵损失与
`from_logits=True` 结合使用。
    base_learning_rate = 0.0001
    model.compile(optimizer=tf.keras.optimizers.Adam(lr=base_learning_r
ate),

loss=tf.keras.losses.SparseCategoricalCrossentropy(from_logits=True),
                  metrics=['accuracy'])

    history = model.fit(train_dataset,
                        epochs=10,
                        validation_data=validation_dataset)
```

执行训练并在模型训练后，使用 evaluate 对模型的预测准确情况进行评价。

代码如下：

```
    loss0, accuracy0 = model.evaluate(validation_dataset)
    print("initial loss: {:.2f}".format(loss0))
    print("initial accuracy: {:.2f}".format(accuracy0))
```

6.6.5 微调

在特征提取实验中，仅在 MobileNet V2 基础模型的顶部训练了一些层。预训练网络的权重在训练过程中未更新，因此，我们需要解冻底层模型进行训练微调。

```
    # ### 解冻模型的顶层
```

```
        base_model.trainable = True
        # 从这一层开始微调
        fine_tune_at = 100
        # 冻结`fine_tune_at`层之前的所有层
        for layer in base_model.layers[:fine_tune_at]:
        layer.trainable = False
        # ### 编译模型
        model.compile(loss=tf.keras.losses.SparseCategoricalCrossentropy(fr
om_logits=True),

optimizer=tf.keras.optimizers.RMSprop(lr=base_learning_rate / 10),
                  metrics=['accuracy'])
        # ### 继续训练模型
        # 如果你已提前训练至收敛，则此步骤将使你的准确率提高几个百分点。
        fine_tune_epochs = 10
        total_epochs = initial_epochs + fine_tune_epochs

        history_fine = model.fit(train_dataset,
                                 epochs=total_epochs,
                                 initial_epoch=history.epoch[-1],
                                 validation_data=validation_dataset)
        # ### 评估和预测

        # 最后，你可以使用测试集在新数据上验证模型的性能。
        loss, accuracy = model.evaluate(test_dataset)
        print('Test accuracy :', accuracy)
```

6.6.6 小结

使用预训练模型进行特征提取：使用小型数据集时，常见做法是利用基于相同域中的较大数据集训练的模型所学习的特征。为此，你需要实例化预训练模型，并在顶部添加一个全链接分类器。预训练模型处于“冻结状态”，训练过程中仅更新分类器的权重。在这种情况下，卷积基提取了与每个图像关联的所有特征，而你刚刚训练了一个根据给定的提取特征集确定图像类的分类器。

微调预训练模型：为了进一步提高性能，可能需要通过微调将预训练模型的顶层重新用于新的数据集。在本例中，你调整了权重，以使模型学习特定作用于数据集的高级特征。当训练数据集较大且与训练预训练模型所使用的原始数据集非常相似时，通常建议使用这种技术。

完整代码如下：

```
    import os
    import matplotlib.pyplot as plt
    import tensorflow as tf
    from tensorflow.keras.preprocessing import
image_dataset_from_directory

    # ## 数据预处理

    # ### 数据导入
    PATH = os.path.join('C:/Users/86155/Desktop/linear regression')
    train_dir = os.path.join(PATH, 'flower_photos')

    BATCH_SIZE = 32
    IMG_SIZE = (160, 160)

    dataset = image_dataset_from_directory(train_dir,
                                           shuffle=True,
                                           batch_size=BATCH_SIZE,
                                           image_size=IMG_SIZE)


    # 显示训练集中的前9个图像和标签:
    class_names = dataset.class_names


    #划分数据集
    val_batches = tf.data.experimental.cardinality(dataset)
    print(val_batches)
```

```
        Test_dataset = dataset.take(val_batches // 5)
        train_dataset = dataset.skip(val_batches // 5)
        val_batches = tf.data.experimental.cardinality(Test_dataset)
        test_dataset = Test_dataset.take(val_batches // 2)
        validation_dataset = Test_dataset.skip(val_batches // 2)




        print('Number of validation batches: %d' %
tf.data.experimental.cardinality(validation_dataset))
        print('Number of test batches: %d' %
tf.data.experimental.cardinality(test_dataset))

        # ### 配置数据集以提高性能

        # 使用缓冲预提取从磁盘加载图像，以免造成 I/O 阻塞。

        AUTOTUNE = tf.data.AUTOTUNE
        train_dataset = train_dataset.prefetch(buffer_size=AUTOTUNE)
        validation_dataset =
validation_dataset.prefetch(buffer_size=AUTOTUNE)
        test_dataset = test_dataset.prefetch(buffer_size=AUTOTUNE)

        # ### 使用数据扩充

        # 当你没有较大的图像数据集时，最好将随机但现实的转换应用于训练图像（例如，旋转或
水平翻转）来人为引入样本多样性。这有助于使模型暴露于训练数据的不同方面，并减少[过拟合]。

        data_augmentation = tf.keras.Sequential([

tf.keras.layers.experimental.preprocessing.RandomFlip('horizontal'),
            tf.keras.layers.experimental.preprocessing.RandomRotation(0.2),
        ])


        #重置图片像素大小
```

```
preprocess_input = 
tf.keras.applications.mobilenet_v2.preprocess_input
rescale = tf.keras.layers.experimental.preprocessing.Rescaling(1. / 
127.5, offset=-1)


# ## 从预训练卷积网络创建基础模型
#


# 从预训练模型 MobileNet V2 创建基础模型
IMG_SHAPE = IMG_SIZE + (3,)
base_model = 
tf.keras.applications.MobileNetV2(input_shape=IMG_SHAPE,
                                  include_top=False,
                                  weights='imagenet')

# 此特征提取程序将每个 `160x160x3` 图像转换为 `5x5x1280` 的特征块。我们看看它对一批示例图像做了些什么：
image_batch, label_batch = next(iter(train_dataset))
feature_batch = base_model(image_batch)
print(feature_batch.shape)

# ## 特征提取
#
# 在此步骤中，你将冻结在上一步中创建的卷积基，并用作特征提取程序。此外，你还可以在其顶部添加分类器及训练顶级分类器。

# ### 冻结卷积基

# 在编译和训练模型之前，冻结卷积基至关重要。冻结（通过设置 layer.trainable = False）可避免在训练期间更新给定层中的权重。MobileNet V2 具有许多层，因此，将整个模型的 `trainable` 标记设置为 False 会冻结所有这些层。
#冻结卷积基
base_model.trainable = False
# 我们来看看基础模型架构
base_model.summary()
```

```
# ### 添加分类头
# 要从特征块生成预测，请使用 `tf.keras.layers.GlobalAveragePooling2D` 层
在 `5x5` 空间位置内取平均值，以将特征转换成每个图像一个向量（包含 1 280 个元素）。
global_average_layer = tf.keras.layers.GlobalAveragePooling2D()
feature_batch_average = global_average_layer(feature_batch)
print(feature_batch_average.shape)

# 应用 `tf.keras.layers.Dense` 层将这些特征转换成每个图像一个预测。你在此处不
需要激活函数，因为此预测将被视为 `logit` 或原始预测值。
prediction_layer = tf.keras.layers.Dense(5)
prediction_batch = prediction_layer(feature_batch_average)
print(prediction_batch.shape)

# 通过使用 [Keras 函数式 API]将数据扩充、重新缩放、base_model 和特征提取程序
层链接在一起来构建模型。如前面所述，由于我们的模型包含 BatchNormalization 层，因此请使
用 training = False。
inputs = tf.keras.Input(shape=(160, 160, 3))
x = data_augmentation(inputs)
x = preprocess_input(x)
x = base_model(x, training=False)
x = global_average_layer(x)
x = tf.keras.layers.Dropout(0.2)(x)
outputs = tf.keras.layers.Dense(5, activation=tf.nn.softmax)(x)
model = tf.keras.Model(inputs, outputs)

# ### 编译模型
#
# 在训练模型前，需要先编译模型。由于存在5个类，请将多分类交叉熵损失与
`from_logits=True` 结合使用。
base_learning_rate = 0.0001
model.compile(optimizer=tf.keras.optimizers.Adam(lr=base_learning_r
ate),

loss=tf.keras.losses.SparseCategoricalCrossentropy(from_logits=True),
              metrics=['accuracy'])

history = model.fit(train_dataset,
```

```
                  epochs=10,
                  validation_data=validation_dataset)



model.summary()

# MobileNet 中的 250 万个参数被冻结，但在密集层中有 1 200 个*可训练*参数。它们分为两个 `tf.Variable` 对象，即权重和偏差。
len(model.trainable_variables)

# ### 训练模型
# 经过 10 个周期的训练后，你应该在验证集上看到约 78% 的准确率。

initial_epochs = 10

loss0, accuracy0 = model.evaluate(validation_dataset)
print("initial loss: {:.2f}".format(loss0))
print("initial accuracy: {:.2f}".format(accuracy0))

# ### 学习曲线
#
# 我们看一下使用 MobileNet V2 基础模型作为固定特征提取程序时训练和验证准确率/损失的学习曲线。


acc = history.history['accuracy']
val_acc = history.history['val_accuracy']
loss = history.history['loss']
val_loss = history.history['val_loss']

plt.figure(figsize=(8, 8))
plt.subplot(2, 1, 1)
plt.plot(acc, label='Training Accuracy')
plt.plot(val_acc, label='Validation Accuracy')
plt.legend(loc='lower right')
plt.ylabel('Accuracy')
```

```
plt.ylim([min(plt.ylim()), 1])
plt.title('Training and Validation Accuracy')

plt.subplot(2, 1, 2)
plt.plot(loss, label='Training Loss')
plt.plot(val_loss, label='Validation Loss')
plt.legend(loc='upper right')
plt.ylabel('Cross Entropy')
plt.ylim([1.0, 1.5])
plt.title('Training and Validation Loss')
plt.xlabel('epoch')
plt.show()



# ## 微调


# ### 解冻模型的顶层
# 你需要做的是解冻 `base_model`，并将底层设置为不可训练。随后，你应该重新编译模型（使这些更改生效的必需操作），然后恢复训练。
base_model.trainable = True
# 来看看基础模型有多少层
print("Number of layers in the base model: ", len(base_model.layers))

# 从这一层开始微调
fine_tune_at = 100
# 冻结`fine_tune_at`层之前的所有层
for layer in base_model.layers[:fine_tune_at]:
    layer.trainable = False

# ### 编译模型
#
# 当你正在训练一个大得多的模型且想要重新调整预训练权重时，请务必在此阶段使用较低的学习率。否则，你的模型可能会很快过拟合。


model.compile(loss=tf.keras.losses.SparseCategoricalCrossentropy(from_logits=True),
```

```
optimizer=tf.keras.optimizers.RMSprop(lr=base_learning_rate / 10),
              metrics=['accuracy'])


    model.summary()

    len(model.trainable_variables)

    # ### 继续训练模型
    # 如果你已提前训练至收敛，则此步骤将使你的准确率提高几个百分点。

    fine_tune_epochs = 10
    total_epochs = initial_epochs + fine_tune_epochs

    history_fine = model.fit(train_dataset,
                             epochs=total_epochs,
                             initial_epoch=history.epoch[-1],
                             validation_data=validation_dataset)

    # 在微调 MobileNet V2 基础模型的最后几层并在这些层上训练分类器时，我们来看一下
训练和验证准确率/损失的学习曲线。验证损失比训练损失高得多，因此，可能存在一些过拟合。
    # 当新的训练集相对较小且与原始 MobileNet V2 数据集相似时，也可能存在一些过拟合。
    # 经过微调后，模型在验证集上的准确率几乎达到 90%。

    ## ### 学习曲线
    #
    # 我们看一下解冻 MobileNet V2 基础模型后，特征提取程序时训练和验证准确率/损失的
学习曲线。
    acc += history_fine.history['accuracy']
    val_acc += history_fine.history['val_accuracy']
    loss += history_fine.history['loss']
    val_loss += history_fine.history['val_loss']



    plt.figure(figsize=(8, 8))
    plt.subplot(2, 1, 1)
```

```
plt.plot(acc, label='Training Accuracy')
plt.plot(val_acc, label='Validation Accuracy')
plt.ylim([0.8, 1])
plt.plot([initial_epochs - 1, initial_epochs - 1],
      plt.ylim(), label='Start Fine Tuning')
plt.legend(loc='lower right')
plt.title('Training and Validation Accuracy')

plt.subplot(2, 1, 2)
plt.plot(loss, label='Training Loss')
plt.plot(val_loss, label='Validation Loss')
plt.ylim([1.0, 1.5])
plt.plot([initial_epochs - 1, initial_epochs - 1],
      plt.ylim(), label='Start Fine Tuning')
plt.legend(loc='upper right')
plt.title('Training and Validation Loss')
plt.xlabel('epoch')
plt.show()

# ### 评估和预测

# 最后，你可以使用测试集在新数据上验证模型的性能。
loss, accuracy = model.evaluate(test_dataset)
print('Test accuracy :', accuracy)
```